Hunde der Welt

Die schönsten Reportagen
von Lappland bis Südafrika

Hunde der Welt

Die schönsten Reportagen
von Lappland bis Südafrika

Vorige Seite: Die Lundehunde auf den norwegischen Lofoten heißen nach den Papageientauchern (Lunde), die sie einst in den Felsklippen jagten. Seit die Vögel mit Netzen gefangen werden, sind die Hunde arbeitslos.

Oben: Kinder der vietnamesischen Insel Phu Quoc spielen mit Welpen des Phu-Quoc-Hunds. Die Tiere leben wild, keiner weiß, woher sie kommen. Viele glauben, dass sie mit den Ridgebacks Südafrikas verwandt sind.

INHALT

Links: Der Kangal wird in seiner türkischen Heimat zum Bewacher der Schafe ausgebildet, er soll es mit Wölfen aufnehmen. Folgende Seiten: Islandhunde stecken voller Energie, beginnen ständig eine Rauferei.

Oben: Ohne Hunde wären die Menschen Fallensteller geblieben. Die Jagdhunde folgten der Fährte des Rehs, nahmen die Blutspur eines verletzten Hasen auf. Bei den Jagden von heute hetzen sie einer Duftspur nach.

Folgende Seiten: Beim Wettbewerb im Rentierhüten tritt ein finnischer Rentierhund den Rückzug an – um gleich aufs Neue loszustürmen. Die Lust am Treiben steckt ihm im Blut, vor Huftritten nimmt er sich in Acht.

WELTEROBERER

Vorwort von Dr. Hellmuth Wachtel

Von allen Tieren dieser Erde stehen die Hunde uns Menschen – nicht genetisch, aber doch sozial – am nächsten. Es gibt nur wenige Volksstämme, die keine Hunde haben. Nach unserer derzeitigen Kenntnis begannen die Einwohner des südlichen China vor etwa 16 000 Jahren, den Chinesischen Wolf zu domestizieren, als sie sesshaft wurden und Reis anpflanzten. Der Beweggrund für das Zusammenleben mit Hunden mochte gewesen sein, sich Hundefleisch als Nahrungsquelle zu erschließen, doch ungeahnt hatten sie damit einen Volltreffer gelandet. Hunde gestalteten in der Folge als Wächter das Leben der Menschen sicherer, ermöglichten ihnen bald, andere Tiere als Nutztiere zu zähmen, die Jagd zu erleichtern und verborgenes Wild durch Verfolgung der Fährte zu entdecken. So konnten sich die Hunde vergleichsweise rasend schnell im Dienst des Menschen über die ganze bewohnte Erde verbreiten. Sie wurden zum besten Freund des Menschen und für seine Zivilisation unentbehrlich.

So hat nun der Hund, genau genommen eigentlich der Wolf in seiner domestizierten Form, mithilfe des Menschen die Welt erobern können, und der Mensch hat dies mithilfe des Hundes erreicht. Heute gibt es etwa 500 Millionen Hunde oder mehr, aber nur mehr einige zehntausend seiner Wildform, des Wolfs. Der Hund hat sich weiterentwickelt, ist zu einem Partner geworden, der auch und gerade in der modernen, hochzivilisierten und -technisierten Welt unentbehrlich ist. Neben seinen vielen Diensten hilft er in der Medizin, Psychotherapie, als Sportkamerad, als liebenswertes Familienmitglied und vielem anderen in unglaublicher Vielseitigkeit. Kein anderes Haustier geht auf uns Menschen so ein, versteht uns so gut und ist so bedacht, uns zu helfen, nützlich zu sein und auch, wenn erforderlich, zu schützen. Mit keinem anderen Tier kann man so viele Sportvarianten betreiben und Freizeitbeschäftigungen ausüben.

Die Formenfülle, die Zahl der unterschiedlichen Hunderassen ist unerreicht. Sie ist besonders bezüglich der Größenvarianz von keinem anderen Haustier bekannt. Es gibt Hunde mit einem Gewicht zwischen einem und hundert Kilogramm, und dennoch erkennen alle Hunde sich gegenseitig als zur gleichen Art gehörig.

Seit Kurzem ist bekannt, dass Hunde der Wissenschaft auch ganz neue, ungeahnte Möglichkeiten bieten. Hunde haben viele der Krankheiten, die man auch beim Menschen findet, und die dafür verantwortlichen Gene kann man oft bei Hunden schneller lokalisieren als beim Menschen selbst. Auf diese Weise dient die Erforschung der Erbkrankheiten am Hund gleich auch der Humanmedizin. Von den Forschungsergebnissen profitiert auch die betreffende Hunderasse, und die Forscher haben so „Versuchstiere" zur Verfügung, ohne, wie sonst erforderlich, diese selbst halten und züchten zu müssen. Das ist ein großer Vorteil für die medizinische Forschung, von der sowohl Hunde wie Menschen profitieren.

Die Menschheit erfreut sich heute an ungefähr fünfhundert verschiedenen Hunderassen, von denen 350 von den internationalen Züchterverbänden als solche anerkannt sind. Der vorliegende Bildband gibt eine Vorstellung von der Reichhaltigkeit an Formen, sozialen Rollen und den Begabungen der Hunde sowie der seelischen Bindungen mit diesen einzigartigen Gefährten unserer Lebenswelt.

Der Wiener Agraringenieur und Hundeforscher
Dr. Hellmuth Wachtel widmet sich seit Jahrzehnten
der Gesundheit bei der Zucht von Rassehunden.

Rechts: Phu-Quoc-Hunde kennen keine Bindung an einen Menschen – und sind doch überaus zutraulich.

Gefährten

Der Hund lebt seit Jahrtausenden an der Seite des Menschen. Er hat sich der Reiselust seines zweibeinigen Gefährten angepasst und folgt ihm in jeden Winkel des Erdballs. Seine Begabungen haben ihm die unterschiedlichsten Hundeberufe eingetragen – je nach menschlicher Lebensweise. Und doch ist unser Blick auf den Hund voller Widersprüche: Von einigen Völkern wird er verehrt, von anderen verscheucht, bei wieder anderen als unseresgleichen betrachtet. Eine Spurensuche bei den HUNDEN DER WELT.

Hunde der Massai in Ostafrika gehören zum Typ „Africanis", den Ur- oder Primitivhunden des Äquatorgürtels. Sie sind mittelgroß, sehr schlank, kurzhaarig und von sandfarbenem, rotem oder gelbem Fell. Meist haben sie Stehohren. Als Welpen sind sie Spielgefährten der Kinder, später begleiten sie die Nomaden auf ihren Wanderungen.

Vorige Seiten:

FRAUEN AUF RENTIEREN

Im Nordwesten der Mongolei: Mädchen vom Volk der Tsaaten („Rentiermenschen") mit ihrem Hütehund, einem nordischen Laika-Typ.

Abbild in Nicaragua

IGNORIERT WIE LAZARUS

Eine Frau und ihr Hund beim Lazarusfest in Masaya, Nicaragua: Weil Hunde den schwer kranken Lazarus der Bibel-Legende nicht, wie die Menschen, ignorierten, sondern ihm die Wunden leckten, lassen die Gläubigen ihre Hunde in der Kirche segnen. Unlängst geriet Nicaragua in die Schlagzeilen, als der Künstler Guillermo Vargas einen Straßenhund in einer Galerie ankettete und dort verhungern ließ. Die Besucher bestaunten den Hund, unternahmen aber nichts zu seiner Rettung.

Aufpasser in Kenia

SIESTA BEI DEN FRAUEN

Treiber in El Salvador
HARTE HUNDE

Die Arbeitshunde der Rinder-
hirten in Mittel- und Südamerika stammen größtenteils von europäischen
Hüte- und Treibhunden ab. Und zwar
nur von solchen, die sich beim Vieh-
treiben unentbehrlich gemacht haben.
Durch eine Auslese nach ausschließ-
lich leistungsorientierten Gesichts-
punkten sind die Hunde der Hirten
wenig einheitlich im äußeren Erschei-
nungsbild, dafür aber zuverlässige
Helfer, sehr zäh und belastbar. Hier
warten die Rindertreiber darauf, dass
für sie etwas vom Schlachttag abfällt.

Clanmitglied in West-Papua
BRUDER IM DSCHUNGEL

Das abgeschieden lebende Volk der Korowai wohnt auf hoch gelegenen Baumhäusern. Sie meiden strikt den Kontakt zur Außenwelt und betrachten Eindringlinge als Feinde. Ihre Hunde ziehen sie beinahe wie die eigenen Kinder auf. Da die Vierbeiner ebenfalls in den Baumhäusern leben, müssen sie zur Schlafenszeit hinaufgetragen werden. Auch bei der Arbeit wie dem Fällen einer Sagopalme kommen die Hunde mit.

Den Hund gibt es, weil es Menschen gibt. Er entwickelte sich in grauer Vorzeit aus dem Wolf, durch die Hand des Menschen, und wurde sein erstes Haustier. Dafür, so denkt man, muss es einen Plan gegeben haben, eine grundlegende Idee, wofür man ein Haustier braucht. Warum sonst hätte der Mensch ein wildes Tier wie den Wolf mühsam domestizieren sollen? Lange Zeit war man der Ansicht, unsere Vorfahren hätten einen Jagdgefährten haben wollen oder ein niedliches Fellknäuel für ihre Kinder. Weit gefehlt. Die erste Aufgabe, die dem Hund zufiel, hatte nicht das Geringste mit seinen Fähigkeiten zu tun. Der schwedische Molekularbiologe Peter Savolainen ermittelte mit genetischen Untersuchungen den möglichen Ursprungsort der Domestikation: in China südlich des Jangtse-Flusses vor etwa 16 000 Jahren. Die Stammeltern, eine größere Anzahl von Wölfen, waren nicht als Gefährten für die Jagd gedacht. Auch nicht als Spielkameraden der Kinder. Allem Anschein nach, so vermutet der Forscher, landeten sie im Kochtopf.

Doch irgendetwas am *Canis familiaris*, so der zoologische Name des Haushundes, muss den Menschen fasziniert haben. Etwas, das über das kulinarische Interesse weit hinausging. Denn das älteste Haustier der Menschheit hat sich geradezu lawinenartig über den Erdball verbreitet. War den Köchen der Vorzeit aufgegangen, mit welch vielfältigen Talenten Hunde gesegnet sind?

Überall, wo der Mensch auftauchte, gab es bald auch den Hund und eine Aufgabe für ihn, die sich in vielerlei Hinsicht entwickelt und in den verschiedenen Zivilisationen gewandelt hat. Einige seiner Pflichten sind erhalten geblieben, andere in Vergessenheit geraten. Wieder andere erscheinen in westlichen Augen höchst befremdlich.

Zug- & Lastentier in Nordamerika

Wie ein vor Kurzem erschienenes Buch der Hundetrainerinnen und Autorinnen Nicole Hoefs und Petra Führmann („Auf Hundepfoten durch die Jahrhunderte", Franckh-Kosmos Verlag) beschreibt, lebten bei den Indianerstämmen der Prärie jede Menge kleiner, wendiger Indianerhunde. Sie wurden, da Pferde noch nicht zur Verfügung standen, zum Transportieren der Lager vor schlittenähnliche Vehikel gespannt. Und zwar von Frauen, denn Lastentransport lag in weiblicher Hand. Eine Regel, die bei vielen Naturvölkern galt: Hunde waren Frauensache. Männer befassten sich deutlich seltener mit ihnen, eigentlich nur, wenn es zur Jagd ging.

Was den Wolfsforscher Erik Zimen veranlasste, seine ganz eigene Version der Domestikation zu entwerfen, indem er annahm, Frauen hätten sich verwaiste Wolfswelpen an die Brust gelegt und sie so an die Menschen gewöhnt. Zwar ist Zimens Auffassung von der Hundwerdung des Wolfes wissenschaftlich nicht haltbar. Doch dass Menschen den Hund wie ein Kind behandeln, ist keine bloße Hypothese von Wissenschaftlern der Gegenwart. Bei einigen Völkern in Südamerika kam es durchaus vor, dass Frauen auch einen Hundesäugling stillten. Zum Beispiel, um einen Jagdhund heranzuziehen, den man dringend benötigte, der aber ohne Muttermilch keine Überlebenschance gehabt hätte, wie Erik Zimens Mitarbeiter Gerd Leder, Kynologe, Rassenspezialist und Hundetrainer aus Laupheim, vermutet.

Beschützer & Heilmittel in Südamerika

Einzelne Stämme wie die Wai-Wai in Guyana machten aus ihren Hunden regelrechte Jagdspezialisten. Sie bildeten sie jahrelang aus und verkauften sie dann zu Höchstpreisen. Doch manchmal wird auch einfach getauscht. Dann sind fähige Jagdhunde ein Zahlungsmittel für die lebenswichtigen warmen Decken, die andere Stämme herstellen, berichten Hoefs und Führmann. Jagdhunde, die ihr Handwerk verstehen, werden bei vielen Indianervölkern hoch geachtet und bekommen eigene Grabstätten. Ein Volk am Amazonas, die Munduruku, ist so hundevernarrt, dass die Vierbeiner in den Hänge-

Außenseiter in Marokko
SPIEL IN DER WÜSTE

Für strenggläubige Muslime gelten Hunde als unrein. Nur bei Windhunden wird eine Ausnahme gemacht: Sie sind edel. Der Hund, mit dem der junge Targi in den Dünen spielt, gehört allerdings nicht zu den Rassen Azawakh oder Sloughi, den gezielt und sorgfältig gezüchteten Windhunden. Er ist einer der Hunde, die in Nordafrika seit Jahrtausenden ihr Dasein in der Nähe von Siedlungen fristen und normalerweise nicht angerührt werden. Doch in jeder Kultur gibt es tierliebe Menschen, die sich über Konventionen hinwegsetzen.

matten ihrer Besitzer schlafen dürfen. Auch wenn sie sich nicht als Jagdhelfer bewährt haben, steht ihnen nach ihrem Tod ein Begräbnis zu. Bei Bergvölkern der Hochanden sind Hunde dagegen meist Herdenschützer und wandern eigenständig mit großen Ziegenherden umher. Damit sie die Tiere als Artgenossen betrachten und verteidigen, werden Welpen ab einem Alter von etwa fünf Wochen von Ziegen gesäugt und ständig in ihrer Obhut belassen. Doch im Repertoire von Hunden steckt auch Wundersames, zum Beispiel Heilkraft: Noch um 1960 war es in Argentinien verbreitet, sich Nackthunde auf

schmerzende Glieder zu legen. In manchen Völkern Perus und Argentiniens gilt Hundekot, gekocht oder geröstet, als Medikament bei Bauchweh. Aus Hundeblut wird eine Salbe gegen Knochenbrüche gemischt, Hundeurin soll gegen Rheuma helfen. Selbst das Augensekret hat eine Funktion: Man könne Übersinnliches sehen, wenn man es sich in die Augen reibt, heißt es bei einem Volk in Peru. Denn oft ist der Hund auch ein mystisches Tier: Er gilt als Seelenbegleiter der Toten, und in vielen Stammesmythen wird eine Hündin, die sich mit einem Menschen vermählt hat, zur Urmutter des Volkes.

Niemandshund in Indien
WANDERER UNTER SICH

Ein Pilger auf der Durchreise freundet sich mit einem Streuner an. Die Einstellung der hinduistischen Inder zu Hunden reicht von Gleichgültigkeit bis zu echter Zuneigung. Indische Straßenhunde werden daher zutraulich, wenn man sie füttert, bewahren sich aber ihre Eigenständigkeit, denn keine Menschenfamilie nimmt sie zu sich. Bei diesem Hund kann eine Einkreuzung indischer Windhundschläge erfolgt sein. Seit ein paar Jahren bemühen sich Hundeliebhaber darum, ihre einheimischen Wind- und Jagdhunderassen zu erhalten. Sie sind zum Teil uralt und gehen auf die Hunde aus der Zeit der Maharadschas zurück.

Babysitter & Wächter in Afrika

Einen ähnlichen Blutsverwandtschaftsmythos gibt es beim afrikanischen Volk der Dan. Dort sind Mensch und Hund Brüder. Der Hund ist jedoch das letztgeborene Kind der Stammmutter und hat die Aufgabe, seine menschlichen Geschwister zu reinigen. Deshalb arbeiten Hunde bei den Dan als Babysitter, Reinigungskraft und Wächter der Kinderstube. Wenn die Mütter zu den Wasserstellen wandern, lassen sie ihre Kinder bei den Hunden zurück, die sich um die Babys ringeln und sie bewachen, bis die Frauen wieder da sind. Bei den Turkana in Kenia wird einem Baby, das auf die Welt kommt, ein

Welpe beigesellt. Der Hund weicht seinem Kind nicht von der Seite und bleibt ein Leben lang mit ihm zusammen. Er ernährt sich vom Inhalt der Babywindeln. Denn seine wichtigste Aufgabe ist es, Hütte und Kinder rein zu halten. Dazu gehört, die Exkremente zu entfernen und den Kinderpo sauber zu lecken.

Erik Zimen hat lange Zeit bei den Turkana verbracht und die Kommunikation zwischen Frauen und Hunden beobachtet: Ein Zungenschnalzen der Mutter genügt, und der Hund ist zur Stelle. Doch das Schnalzen ist weitaus vielfältiger, als der deutsche Forscher zunächst annahm – eher wie eine Sprache. Aus diversen Schnalzlauten hören die Hunde heraus, was die Frauen von ihnen erwarten. Und auch die Frauen wissen, wie sie das Verhalten ihrer Vierbeiner zu deuten haben. Je nachdem wer sich dem Lager nähert, ob Stammesmitglieder oder Fremde, „erzählen" es ihnen die Hunde.

Kannibale & Wärmekissen in Australien

Der Dingo, der Nationalhund Australiens, ist eine Ausnahmeerscheinung. Er lebt als verwilderter Haushund sowohl allein im australischen Outback als auch als Haustier bei den Clans der Aborigines. Für die Ureinwohner ist der Dingo das einzige Haustier überhaupt, und er spielt in ihrer Kultur eine bedeutende Rolle. In einigen ihrer Traumzeitgeschichten ist er der menschliche Vorfahr. In anderen wird er als Gestaltwandler beschrieben, der vom Hund zum Menschen werden kann.

Doch es gibt auch den Mythos vom Teufelsdingo, der Menschen frisst und Dingos zur Welt bringt, die ebenfalls Menschen fressen. In der diesseitigen Welt zeigt er sich dagegen von einer nützlichen Seite. Wie Erik Zimen berichtet, ist er bei umherziehenden Aborigine-Clans als mobiles Wärmekissen beliebt. Dann liegen Mensch und Hund in eiskalten australischen Nächten eng aneinandergekuschelt, um sich gegenseitig zu wärmen.

Fleischvorrat & Mitgift in Asien

Am Ausgangspunkt der Domestikation hängt dem Hund seine erste Aufgabe unverändert nach. In einigen Teilen Asiens ist er noch immer eine Bereicherung des Speisezettels, so vor allem in Korea, Vietnam und in einigen Regionen von China. Doch Vorsicht vor schnellen Verurteilungen, unser eigenes Tabu des Hundeverzehrs ist nicht gerade alt: Der letzte offiziell geschlachtete Hund wurde 1986 in Augsburg gegessen. Und in der Schweiz kommt bei einigen Menschen bis zum heutigen Tag Hundefleisch auf den Tisch.

Das könnte einem Kanni nie passieren. Nach den Worten des Kynologen Gerd Leder ist dieser besondere, eigens für die Jagd gezüchtete Windhund im Südwesten Indiens ein überaus wertvolles Gut. Sein Name bedeutet „unverheiratetes Mädchen", denn er gehört bei einer Hochzeit zur Mitgift der Frau. Für indische Verhältnisse werden Kanni außerordentlich gut versorgt, regelmäßig mit Fleisch, Getreide und Milchprodukten gefüttert und ausgeführt. Einen Kanni lässt man nicht streunen. Er wird auch nicht verkauft, bestenfalls zum Geschenk gemacht, wenn die Menschen, die beschenkt werden sollen, ein Versprechen auf gute Pflege abgegeben haben. Doch der Kanni ist äußerst selten geworden, und ein Nicht-Kanni, einer der zigtausenden Streuner, die die Straßen bevölkern, erfährt in Indien wenig Beachtung.

Die Korowai hingegen, sogenannte Baummenschen, die im Südosten Papuas leben, sehen ihre Hunde als Teil der Familie. Abgeschieden leben die *Tree People* im Regenwald Papua-Neuguineas auf hoch gelegenen Baumhütten. Ihre Hunde sind ihre Jagdbegleiter, gehören aber vor allem zur Familie. Da deren Mitglieder unter einem Dach schlafen, müssen die Hunde allabendlich in schwindelerregende Höhe getragen werden, über Klettermasten, in die Kerben geschnitten sind, damit die Füße Tritt finden. Die Korowai klettern zügig nach oben und halten den Hund im Arm. Er ist ihnen wichtig – und wird mit dem gefüttert, was für die Menschen gedacht ist.

So bewegt sich rund um die Welt das Zusammenleben von Hund und Mensch im Auf und Ab von kulturellen Gegensätzen. Trotz seines prekären Ursprungs in der natürlichen Nahrungskette ist es dem Hund gelungen, das erfolgreichste Haustier aller Zeiten zu werden. Er ist so sehr auf uns Menschen geprägt, dass er lieber mit uns zusammenlebt als mit seinesgleichen.

Eine spirituelle Erklärung dafür haben die Mongolen zur Hand, vielleicht trifft sie ja den Nagel auf den Kopf: Im ewigen Rad des Lebens und der Wiedergeburt kommt der Hund als Mensch zurück auf die Erde.

WÄCHTER DES

DO KHYI sind eine der ursprünglichsten Hunderassen der Welt. Sie leben in Tibet. Für die Tibeter dort sind sie „Gesandte des Himmels" und haben die Aufgabe, die Menschen zu beschützen.

HIMALAYA

eterhoher Schnee, eisige Temperaturen: In einer Zeit, die weit zurückliegt, so erzählen sich die Tibeter, litt das Land unter einem besonders strengen Winter. Raubtiere töteten die Herden, Räuberbanden überfielen die Hirten. Die Menschen hungerten, viele starben. Als die Not am größten war, kam eines Tages ein weiser, alter Mann vom Kailash, dem heiligen Berg Tibets, heruntergestiegen. An seiner Seite liefen zwei riesige Hunde. »Diese Tiere«, sagte der Weise, »sollen Euer Schicksal sein, denn sie halten das Gute fest und das Schlechte fern. Seid also gut zu Eurem Schicksal und es wird gut zu Euch sein.« Seither, so glauben die Tibeter, gibt es sie, die Do Khyi, Gesandte des Himmels, mit der Aufgabe, die Menschen und ihre Herden zu beschützen.

Tibet, das ist das 2,5 Millionen Quadratkilometer große, zu allen Seiten von Gebirgsketten umschlossene „Dach der Welt". Das Klima ist trocken, die Sommer sind warm und sonnig, die Winter aber sind

eisig. Die durchschnittliche Jahrestemperatur für die gesamte Region liegt bei niedrigen 1,1 Grad, die im „milderen" Transhimalaya gelegene Hauptstadt Lhasa bringt es auf einen jährlichen Temperaturdurchschnitt von immerhin 8,9 Grad. Es ist das Land Chenrezigs, des Buddhas des Mitgefühls, der Legenden, Klöster und der offenen Türen. Etwa 85 Prozent der nur rund sechs Millionen Tibeter leben von Landwirtschaft und Viehzucht. Ihre Herden weiden auf einer Fläche, die ungefähr einem Viertel Europas entspricht. Wer so einsam lebt, braucht keine Türen, die man abschließen kann. Was er braucht, ist Hilfe bei der körperlich oft schweren Arbeit und Schutz für die Herden und die Familie. Tiger, Schneeleoparden, Bären, Wölfe und Luchse sind nur einige der in Tibet lebenden Raubtiere – es ist gut, einen mutigen Beschützer mit feiner Nase an seiner Seite zu wissen.

Gastfreundschaft ist religiöse Pflicht, blauäugig tritt man Fremden aber nicht gegenüber. Wer sich einem Lager nähert, den empfangen die Do Khyi. Die bis zu 65 Kilo schweren Tiere stehen an der Lagergrenze und bellen. Fremde tun gut daran, stehen zu bleiben. Kommt der Hausherr, wird der Grund des Besuchs vorgetragen. Ist man willkommen, wird der Hund angebunden, und der Gast darf nähertreten. Möchte man keinen Besuch, dreht sich der Hausherr um und geht. »Wer von einem Do Khyi bewacht wird«, sagen die Tibeter, »muss keine Feinde fürchten.«

Vorige Seiten: Als wild und wundervoll beschreiben Tibetreisende den Anblick der Reisterrassen vor dem Panorama der Himalaya-Gipfel. In der Erhabenheit ihres Landes erhoffen die Tibeter praktischen Schutz: von ihren Herdenhunden, den Do Khyi.
Links: Der Do Khyi ist ein liebevoller, tapsiger und verspielter Hund – aber alles andere als unterwürfig.
Rechts: In der Welpenzeit lernt ein Do Khyi, wer zu seinem Haushalt gehört. Wenn er groß ist, soll er alle bewachen, die Rinder, das Haus und seine Menschen.

Do Khyi bedeutet übersetzt „Hund zum Anbinden". Ein Leben als Wächter nämlich ist die Bestimmung der in Deutschland auch Tibet-Dogge oder Tibet-Mastiff genannten Riesen. An einem Seil vor der Jurte, dem Kloster oder Haus zu liegen, gehört, zumindest in seiner Heimat, dazu. Das ist kein Zeichen von Missachtung, im Gegenteil: Do Khyi werden hoch geschätzt. Sie sind, wie beinahe alle Hunde in Tibet, Teil der Familie. Sie dürfen ins Zelt, sind bei den Mahlzeiten dabei und sind die ersten Spielkameraden der Kinder. Das alles ist wichtig für sie, denn in den riesigen, zottigen und für Fremde mitunter sehr gefährlichen Wächtern steckt ein anhänglicher Hund, der geliebt werden will. Aggression ist nicht sein Stil und war es niemals. Denn aggressive Hirtenhunde lassen sich von Wölfen und anderen Räubern ablenken, verlassen ihre Herde und machen sie angreifbar. Ein Do Khyi bleibt gelassen, egal was passiert. Er ist ein perfekter Wächter.

Seine Menschen verteidigt er bei Gefahr bis aufs Blut, ihnen gegenüber aber ist er ein Lamm. Stundenlang kann er, solange er die Familie im Auge hat, regungslos in einer Ecke liegen. Die Versuche der Kinder, auf ihm zu reiten, erträgt er mit stoischem Gleichmut, andere zum Haushalt gehörende Tiere wird er nicht anrühren. Er bewacht die Herde, die Zelte und die Menschen. Ziehen sie weiter, wird er zum Lastentier. Ohne zu murren, lässt er sich ein Geschirr auflegen oder vor einen Karren spannen. Er ist ein liebevoller, zuweilen tapsig wirkender, bis ins hohe Alter verspielter Hund. Unterwürfig ist er aber nicht. Im Gegenteil: Die Jahrtausende im Wachdienst – die ältesten Knochenfunde sind etwa 2500 Jahre alt –

Für die Tibeter ist der Do Khyi eine Verheißung: An dem Tag, an dem ein weißer Hund zur Welt kommt, wird Tibet frei sein.

haben ihn zu einem unabhängigen, selbstbewussten und vor allem selbst entscheidenden Hund gemacht. Was er tut, tut er freiwillig, Befehle nimmt er nur widerwillig entgegen und befolgt sie auch nur, wenn er die Entscheidung für richtig hält. Auf dem Hundeplatz oder beim Agility wird man Do Khyi selten treffen. „Sitz!" und „Platz!" reichen ihm vollkommen, den Rest macht er allein. Sein Job ist der Schutz seines Rudels, inklusive aller dazu gehörenden Tiere, Gegenstände und Menschen – auch wenn die das bisweilen gar nicht wollen. Wird beispielsweise das Spiel der Kinder zu ruppig, ergreift er gern Partei, marschiert los und regelt die Angelegenheit. Ihn anzubinden ist da oft die einfachste Lösung.

Do Khyi sind loyal. »Sie dienen keinem König nur wegen des Futters«, sagen die Tibeter. Mindestens einen besitzt jeder Hirte, wer die Möglichkeit hat, drei zu halten, gilt als wohlhabend. Eine Zucht im westlichen Sinn gibt es nicht. Die Hündin sucht sich ihren Rüden, wobei sie weder auf Stammbaum noch auf Adel oder Aussehen achtet. Das Aussehen ihrer Hunde spielt auch für die Hirten keine große Rolle. Wachsamkeit, Futtergenügsamkeit und Härte, das ist es, worauf es im kargen Hochland ankommt.

Dennoch gibt es Vorlieben: Als besonders schön gelten die schwarzen Hunde, vor allem wenn sie über ihren Augen zwei helle Punkte haben. Augen der Götter, glauben die Tibeter. Durch sie wacht der Do Khyi selbst dann, wenn er schläft. Auch eine Blässe auf der Brust dieser Hunderasse ist willkommen. Sie gilt als Zeichen für ein tapferes Herz. Tibeter glauben an den ewigen Kreislauf von Wiedergeburt und Tod. Als Mensch wiedergeboren zu werden, ist aber nicht so einfach und mit der Verpflichtung verbunden, ein gutes und sinnvolles Leben zu führen. Wer schlecht zu Tieren ist, gefährdet sein Glück im nächsten Leben. Hunde jedoch gehören zu den Lieblingen der Tibeter. In ihrer Mythologie nämlich wurde Buddha

von zwölf kleinen Hunden bewacht, die sich bei Gefahr in riesige Löwen verwandelten. Alle vier tibetischen Rassen, Do Khyi, Lhasa-Apso, Tibet-Spaniel und Tibet-Terrier, gelten deshalb als Glücksbringer.

Viele tibetische Familien schmücken ihre Hunde mit Halsbändern aus rot gefärbten Yakhaaren, um an ihre Rolle als Wächter Buddhas zu erinnern. Aus wissenschaftlicher Sicht liegt die Geschichte des Do Khyi im Dunkeln. Wie lange es ihn gibt, wie die Rasse ent-

Links: Ein Do Khyi ist der Wächter Buddhas, das zeigt der Schmuck aus Yakhaaren. Unten: Ein Hirte, der mehrere Hunde besitzt, gilt als wohlhabend.

Die Ziegenherden und die Menschen in Tibet stehen unter dem Schutz ihrer Hunde. Sie sind vom Himmel gesandt und stehen für das Schicksal der Tibeter. Grund genug, die Do Khyi zu verehren.

stand – niemand weiß es. Alte tibetische Aufzeichnungen sind während der Kulturrevolution in China zwischen 1966 und 1976 zerstört worden, die mehrere Jahrtausende zurückreichenden chinesischen Dokumente können selbst von Sinologen kaum oder gar nicht gelesen werden. Als sicher gilt allein: Eine Rasse wie die Do Khyi kann sich nur in geografischer Isolation entwickelt haben. Aus Sicht der Kynologen ist die Öffnung Tibets ein großer Verlust.

Die Zucht dieser Rasse in Europa war und ist kompliziert. Das Dach der Welt ist eine schwer zugängliche und bis weit ins 20. Jahrhundert wenig besuchte Region. Erst vor etwa achtzig Jahren kamen einzelne Tiere nach Europa. Erste Zuchtversuche aber schlugen fehl: Do Khyi leben in den Hochebenen des Himalaya. Ein Tier, das an ein so hartes Klima angepasst ist, fühlt sich woanders nicht wohl, in europäischen

Gefilden „konnten" die Rüden einfach nicht. In den schlimmsten Fällen bekamen sie in Flachlagen Herz- und Kreislaufprobleme, wurden krank und starben.

Die heute in Europa gezüchteten Do Khyi brauchen keine Berge. Die Zuchtgemeinschaft aber ist noch immer klein, die für die Gesundheit der Tiere wichtige Zuchtbasis überschaubar. Den Nomaden ist es im Grunde egal, wie ihr Do Khyi aussieht. Was zählt, ist seine Arbeit und Einsatzfähigkeit. Wer als Wächter vor einem Tempel liegt, der kann oder sollte ruhig groß und imposant sein. In den Bergen sind kleinere, wendigere Hunde im Vorteil. Europäische Züchter aber folgen einem Zuchtstandard. Es geht um körperliche und charakterliche Eigenschaften. Sie alle sind in den Erbinformationen festgelegt. Genetik ist kein Baukastensystem, es gibt dabei viele Variablen und Zufälle. Aber es gibt auch Faustformeln. Die

Unten: Selbst ein schlafender Do Khyi kann seine Menschen beschützen. Er ist Teil der Familie, darf ins Zelt und ist bei allen Mahlzeiten dabei.

wichtigste: Je reinerbiger (homozygot) das Erbgut ist, desto größer ist die Wahrscheinlichkeit, dass bestimmte Eigenschaften weitergegeben werden. Inzucht ist bei der Zucht von Rasschunden gängige Praxis. Und auch die Faustformel „Champion + Champion = Champion" wird oft angewendet. Das Problem dabei ist: Irgendwann leidet die genetische Vielfalt, Erbfehler schleichen sich ein. Do Khyi sind selten. In der aktuellen Welpenstatistik des Verbands für das Deutsche Hundewesen werden für das Jahr 2006 gerade mal 18 Welpen aufgeführt, bei einzelnen Tieren stellten die Besitzer Epilepsie fest.

Aber auch in ihrer Heimat haben es die Do Khyi nicht mehr leicht: Tibet ist kein freies Land, die tibetische Kultur den Chinesen oft ein Dorn im Auge. Viele Do Khyi wurden getötet. Bis die Chinesen den Wert der Tiere erkannten. Chinas Öffnung zum Westen ist vollzogen. Wer reich ist, fühlt sich oft bedroht. Die Sicherheitsbranche boomt und mit ihr die Nachfrage nach großen und Angst einflößenden Hunden. Chinesische Züchter liefern sie. Offiziell heißen die in Massenzuchten vermehrten Hunde zwar noch Do Khyi, mit ihren Stammvätern aber haben sie nichts mehr gemein. Sie sind größer, schwerer, behaarter und vor allem aggressiv. Einen fünfstelligen Dollarbetrag muss der Käufer hinlegen. Und auch die Tiere, die den Anforderungen der Kundschaft nicht entsprechen, sind ein Geschäft: als Pelzlieferanten.

Für die Tibeter ist der Do Khyi jedoch mehr als ein Hund. Er ist ein Glücksbringer, der Träger der „vier Augen Buddhas". Er kann Geister erkennen, ist in den Gedanken der Lamas der „Geist des Himalaya". Und er ist Symbol. Do Khyi sind eine der ursprünglichsten Rassen der Welt. Für die Tibeter sind sie „Gesandte des Himmels" mit der Aufgabe, die Menschen zu beschützen. Sie sind tiefschwarz, niemals aber weiß. Am Tag, an dem ein weißer Do Khyi geboren wird, so erzählt eine Legende, wird Tibet frei. 🐺

TREIBER IM SCHNEE

Hoch oben am Polarkreis leben die Samen, das „Volk der Sonne und des Windes". Ihr Reichtum sind ihre Herden. Und weil die Menschen beim Treiben der Huftiere Hilfe brauchten, haben ihnen die Götter ein Geschenk gemacht: die RENTIERHUNDE.

Vorige Seiten: Die Hunde der Samen sind die Schwerarbeiter unter den Hütehunden. Beim Wettbewerb im Renherdentreiben gewinnt schon mal ein Stadthund aus Helsinki. In eisiger Natur zeigt er, was in ihm steckt.

Oben: Domestizierte Rentiere leben halbwild: Im Winter werden sie gefüttert, die Sommer verbringen sie in den Wäldern. Bewacht werden ihre Herden von den Samen und deren Rentierhunden, den Lapinporokoiras.

Was für Tiere das wohl sind? Unski ist ratlos. So etwas wie die hat er noch nie gesehen. Der vier Jahre alte Rüde wittert neugierig und nähert sich den rund zehn Meter von ihm entfernt stehenden Rens. Die Zuschauer halten den Atem an. Was wird der Hund gleich tun? Sich laut kläffend auf die schreckhaften Tiere stürzen, sie auseinandertreiben und dann wahllos kreuz und quer durch das Gatter hetzen? Wird er sich überhaupt in die Nähe der ihm fremden Tiere trauen? »Der größte Draufgänger ist er nicht«, sagt eine junge Frau am Zaun. »Bei Schwierigkeiten klemmt er für gewöhnlich den Schwanz ein.« Und die könnte es geben. Denn Rens, so schreckhaft sie normalerweise sind, können auch anders: Zweimal schon hat ein Huftier an diesem Vormittag den Spieß umgedreht und ist mit gesenktem Geweih auf den Treibhund losgegangen. Einer wurde dabei überrannt und konnte nur durch das beherzte Eingreifen eines Helfers vor den Tritten des kräftigen Rens bewahrt werden. Rentierhufe sind groß und hart, die beim Laufen im Schnee so nützliche Afterkralle ist rasiermesserscharf. Unski aber, so hofft die Frau am Zaun, wird nicht kneifen. Schließlich ist sie gemeinsam mit ihrer Freundin Keke, Unskis Frauchen, die Nacht durchgefahren, um herauszufinden, wie viel Rentierhund in dem verspielten Sofahelden noch steckt. Das geht am besten hier, in Pello, einer kleinen Gemeinde am nördlichen Polarkreis, im Ursprungsland der Lapinporokoiras. Es sind die Hunde der Samen, der Ureinwohner Lapplands. Sie leben seit mindestens achttausend Jahren in den polaren Gebieten Nordschwedens, Finnlands und Russlands. Niemand weiß,

woher sie kommen und warum sie so weit in den Norden zogen. Wer sich entscheidet, hier zu leben, braucht einen triftigen Grund. Im Frühling, wenn der Schnee schmilzt und der gefrorenc Boden das Wasser nicht aufnehmen kann, verwandelt sich die Tundra in einen riesigen Sumpf. Im Sommer fressen einen die Heerscharen der Mücken, im Winter ist Lappland eine kalte Eiswüste, die bis hinter den Horizont reicht und in der die Sonne wochenlang nicht aufgeht. Kein Ort, den man freiwillig oder gar mit Freude besiedelt. Vielleicht kamen die Samen einst wegen der Pelztiere. Vielleicht auch, weil sesshafte skandinavische Bauern sie immer wieder in den Norden vertrieben. Fest steht aber allein, dass sie zunächst wilde Rens jagten und diese später züchteten.

Ihre kniehohen Hunde betrachten die Samen als Geschenk der Götter, als Athleten, die im Tiefschnee bis zu hundert Kilometer am Tag laufen können und allein große Herden treiben, ohne nur ein Tier zu verlieren – Lapinporokoiras ruhen erst, wenn das letzte Ren bei der Herde ist. Weil diese Hunderasse nach dem Zweiten Weltkrieg fast ausgestorben war, organisiert der Züchterverband Kennel Club mithilfe der Rentierzüchter in Pello jedes Jahr einen Hütewettbewerb und einen Test: Gesucht werden Hunde, bei denen die natürliche Veranlagung zum Rentiertreiben besonders ausgeprägt ist.

»*Juokse!*«, Los! Als der Befehl kommt, guckt Unski zuerst ratlos, folgt mit seinem Blick aber Kekes ausgestrecktem Arm. Plötzlich, als hätte er in seinem Leben nie etwas anderes getan, stürmt er laut kläffend auf die Rentiere zu. Er stoppt, hält Abstand, bringt sie in Bewegung, schneidet zwei ausbrechenden Kühen den Weg ab, schlägt einen Haken und hält die kleine Gruppe zusammen. Drei Runden treibt er die Rens, dann ruft Keke ihn zu sich. »*Tule!*«,

Die Lapinporokoiras bekommen von den Menschen keinerlei Ausbildung, aber sie machen in den meisten Fällen von allein alles richtig.

gut gemacht, lobt sie ihn und schaut die in der Mitte der Koppel stehenden Schiedsrichter an. Die nicken beeindruckt. Ob er es wohl auch schaffen würde, zwei der Tiere abzusondern, sie aus dem Gatter zu treiben und erst dann die nächsten zu holen? *»Juokse!«* Wieder stürmt Unski los, folgt Kekes Armlinie und teilt die Gruppe der Rens. Als er die davonstiebenden Huftiere zurückholen will, bremst ihn Keke, schickt ihn zurück. Nie kommt der Hund den Rens zu nahe, auf keinen Fall würde er eines dieser Tier zwicken oder beißen: »Rens sind schreckhaft«, erklärt Schiedsrichter Jouni Savukoski.

»Hunde, die Schafe treiben, müssen sich manchmal mit den Zähnen durchsetzen, Rentiere würden dabei in Panik geraten.« Rentierhunde, kurz Lapins genannt, halten deshalb Abstand. »Niemand kann sagen, ob man ihnen das vor sehr langer Zeit beigebracht hat oder ob ihnen das Wissen um Rentiere angeboren ist.« Tatsache ist aber: »Die Hunde bekommen von den Menschen keinerlei Ausbildung, aber sie machen in den meisten Fällen alles richtig!«

Noch heute leben die domestizierten Rentiere der Samen halbwild. Ist der Winter vorbei, werden sie in die Wälder gelassen, wo sie, vom Menschen unbehelligt, ihre Kälber zur Welt bringen. Zäune halten sie nicht. Schon nach wenigen Tagen haben sich die großen Herden in Hunderte kleine, weit verstreute Verbände aufgelöst. Zwei große Ereignisse bestimmen das Leben der Züchter: das Markieren der Kälber im Frühsommer und die Schlachtzeit Ende Oktober. Mit einem Lasso und dem traditionellen Puukko, einem Arbeitsmesser am Gürtel, durchstreifen sie die Wälder, um die Tiere zusammenzutreiben. Es ist eine Plackerei, die oft Wochen dauert. Konnten sie im Sommer noch laufen, kämpften sich die Vorfahren der heutigen Züchter auf Skiern, Schneeschuhen und Schlitten durch den Schnee. Einer Legende nach wurden sie dabei von arktischen Hunden beobachtet. Die saßen auf einem Hügel und lachten über das ungeschickte Vorgehen der Treiber, die ausbrechenden Rentiere und das mühsame Vorankommen der Männer im Schnee. »Kommt«, soll einer gesagt haben, »wir zeigen ihnen, wie man das macht.«

Unten: Lapinporokoiras waren nach dem Zweiten Weltkrieg so gut wie ausgestorben. Sie gelten in ihrer Heimat noch heute als seltene Rasse. Das Interesse an ihnen ist in jüngster Zeit gestiegen, weil Rentierzüchter sie neu entdeckt haben. Rechts: Viele junge Samen besinnen sich auf ihre Kultur.

Auf dem Sitz des Schneemobils hält es einen Rentierhund nur, wenn er soll. Auf Signal flitzt er los und jagt vor allem Rens hinterher, die aus der Herde ausgebrochen sind. Warum, weiß niemand.

Am Zaun der Koppel brandet Applaus auf. Unski hat zwei seiner vier Tiere zusammen und macht auf der Stelle kehrt, um die zwei verbliebenen Rens zu holen. Drei Minuten später ist alles vorbei und Unski ein glücklicher kleiner Held. Schwer atmend, mit hängender Zunge nimmt er stolz den Applaus des aus ganz Finnland angereisten Publikums entgegen und trabt an Kekes Seite aus dem Korral.

Die Samen sind das „Volk der Sonne und des Windes". Die Weisheit der Alten und das Wohlwollen der Götter bilden die Grundfesten ihrer Gesellschaft. „Dierpmis", der Donnergott, „Bieggolmmái", der Windgott, „Mánnu", der Mondgott, und „Áhcolmmái", der Gott des Wassers, beeinflussen das Leben der Menschen, „Leaibolmmái", der Blutgott, herrscht über das Wild und alle Tiere. Jeder Berg, jede Baumgruppe, jede Senke kann ein magischer Ort sein. Die Götter sind allgegenwärtig. Und weil Lapins Hunde sind, die, so scheint es wenigstens, von sich aus helfen wollen, werden sie als Geschenk dieser Götter betrachtet: »Sie stöbern die zerstreuten Rentiere bei Wind und Wetter, Nebel und Schneetreiben unter den härtesten Bedingungen auf, kein Tier entgeht ihrer feinen Witterung, ihrem scharfen Blick, ihrer unbestechlichen Aufmerksamkeit«, heißt es in einem Reisebericht vom Anfang des 19. Jahrhunderts. »Durch hohen Pulverschnee jagt der Lapin dahin wie ein Pfeil, wühlt sich durch riesige Schneewehen, holt ausbrechende Tiere zurück. Schnee und Eisklumpen im Fell, saust er wie ein Schemen bald durch wirbelnde Flocken, bald über blankgefegtes Eis, wachsam, unermüdlich, mit drohendem Gebell. Er ist ein Wunder an Einsatz, Arbeitskraft, Ausdauer und Zähigkeit und immer von mitreißender Begeisterung.« Die Hunde, so heißt es bei den Samen, sind der beste Besitz eines Mannes und müssen gut behandelt werden. Denn ein Mann mit armen Hunden wird selbst arm werden. Kein Wunder, die Hunde sind schneller, geschickter und zäher als die Männer.

Mit dem Aufkommen der ersten Schneemobile in den sechziger Jahren aber wurden die meisten aufs Altenteil geschickt. Mit den motorbetriebenen Maschinen schaffen die Männer in Tagen, wofür sie zuvor Wochen brauchten. Den Scootern folgten die Geländemotorräder im Sommer, große Herden werden heute mit Hubschraubern getrieben.

Große Schmuser sind vor allem die Welpen der Lapins. Aber auch erwachsene Rentierhunde eignen sich gut als Familienhunde. Ihr Charakter ist ausgeglichen, und sie sind freundlich zu jedermann.

Ihr Comeback verdanken die Hunde jüngeren Züchtern wie Jouni Savukoski. Er wuchs mit den Hunden zusammen auf, spielte mit ihnen. Ihre Fähigkeiten kannte er aber nur aus Erzählungen. »Sie waren einfache Hofhunde, die nie etwas anderes kennengelernt hatten als das Dorf und den Wald. Wir haben mit ihnen gespielt, sie haben aufgepasst, das war's.« Irgendwann aber setzte er einfach einen von ihnen hinter sich auf den Schlitten und nahm ihn mit zur Herde. Ein für ihn verblüffender Ausflug folgte: »Der Hund war von den Rens fasziniert, beobachtete sie, interessierte sich aber vor allem für die, die nicht bei der Herde standen.« Aus Spaß ließ Savukoski ihn laufen und ging füttern. »Als ich mich nach ein paar Minuten umdrehte, war dieser Hund wieder da und alle Rens waren bei der Herde.« Jouni war begeistert. Er begann, die Hunde regelmäßig mit zur Herde zu nehmen, und befragte die Alten im Dorf. Die in ihrer Jugend noch mit Hunden gearbeitet hatten, wussten, was die können. »Und es dauerte wirklich nicht lange, bis für mich klar war, dass wir sie wieder dafür trainieren müssen, wofür sie früher einmal da waren: zum Treiben.« In den eng mit Birken bestandenen Wäldern sind die Schneemobile nur schwer zu lenken. Die Treiber müssen langsam fahren, Schlupflöcher entstehen, durch die die eigensinnigen Rens immer wieder ausbrechen können. Und auch auf der offenen Fläche sind die Hunde eine Hilfe: »Denn wenn ich allein bin, müsste ich mit dem Schlitten in halsbrecherischem Tempo die Herde entlangrasen, um die Rens wenigstens grob in irgendeine Richtung zu bringen«, sagt der Züchter. Dabei werden die Tiere oft geängstigt, jagen kopflos davon und stürzen mitunter. »Ein Hund bringt Ruhe in die Sache«, sagt Jouni. »Er hält eine Flanke, ich die zweite und in aller Ruhe trotten dann alle dahin, wohin ich will.«

Savukoski ist nicht der Einzige, der wieder auf den Hund gekommen ist. Die knatternden Schlitten, Motorräder und Geländewagen sind aus dem Leben der Rentierzüchter zwar nicht mehr wegzudenken. Aber wenn sich die Männer alljährlich zum großen Rentiertreiben treffen, dann sind immer häufiger die Lapinporokoiras dabei. Nicht allein zum Helfen. »Da draußen«, sagt Jouni und deutet mit dem Arm auf die Wildnis, die gleich hinter den Polarfichten beginnt, »ist es kalt und oft sehr einsam. Da ist es einfach schön, wenn man einen Freund bei sich hat.«

BLOOD HOUND GANG

Seit Fuchsjagden in England verboten sind, legt man künstliche Duftspuren. Vielen Reitern ist das zu langweilig, sie engagieren Jogger als lebende „Beute". Die können die BLUTHUNDE ebenso gut riechen – und alle haben ihren Spaß.

Vorige Seiten: Gut dreißig Bluthunde drängen zum Master of Hounds, um an einem Tuch zu schnüffeln, das er ihnen hinhält. Es trägt den Duft der Beute – nicht Wildtiere, wie es früher üblich war, sondern Jogger.

Oben: Die „Beute" muss über ein Gatter geklettert sein, das die Bloodhounds bereits übersprungen haben. Für Ross und Reiter ist ihr Weg eine Herausforderung: Wer vor dem Hindernis scheut, landet im Dreck.

Vielleicht sollten wir …« Keuchend, die Hände in die Hüften gestützt, deutet Adrian mit dem Kinn auf den Fluss. »Nichts da!«, widerspricht Mel sofort. »Bei der Kälte holen wir uns alle den Tod. Außerdem wissen wir nicht, wie tief er ist.« Graham, der dritte Läufer, sieht wie Adrian die Chance: »Im Wasser versagen die Hunde vielleicht.« Doch Mel winkt ab: »Jungs, wir haben nur knapp 45 Minuten Vorsprung, das Wasser fließt langsam, und in der Meute sind mindestens zwei Hunde, denen ich zutrauen würde, dass sie auch so eine Spur nicht verlieren.« Sie trabt wieder an, die anderen beiden folgen ihr. Die Entscheidung ist gefallen: »Vielleicht schaffen wir es später irgendwo.«

Fünf Kilometer entfernt schaut Nic Wheeler auf seine Uhr: »Die Zeit ist fast rum«, sagt er, steigt vom Pferd herunter und ruft seine dreißig Bloodhounds zu sich. Jedem einzelnen hält er ein Tuch vor die Nase, das nach Adrian, Mel und Graham riecht – und dann geht es los: Laut kläffend, die Nase dicht am Boden, stürzen die Hunde los, die Jagdgesellschaft folgt. Vielleicht würden die drei Läufer es diesmal ja schaffen, die Hunde auszutricksen. »Das wäre zumindest ihr größter Wunsch«, sagt Wheeler und lächelt. »In einem Baum oder einem Misthaufen zu sitzen und uns an sich vorbeireiten zu sehen, ich glaube, etwas Größeres könnten sie sich an Tagen wie heute nicht vorstellen.« Bisher jedoch ist es nur ein Traum: »Wir sind schon im Kreis gelaufen, in unseren eigenen Fußstapfen zurückgegangen, wir sind absichtlich in Kuhmist getreten und hinter Kaninchen hergerannt, die vor uns flüchteten, und konnten die Jagd höchstens für ein paar Minuten unterbrechen«, erklärt Mel. »Wirklich abgehängt haben wir die Hunde noch nie!« Das werden sie wahrscheinlich auch nie, es sei denn sie laufen eines Tages in so etwas wie Ganzkörper-Gummianzügen los, die keinerlei Körpergeruch heraus- und in der Luft zurücklassen würden. Denn die dreißig hinter ihnen herhetzenden Hunde gehören zu den besten Spürnasen der Welt: Bloodhounds.

In Deutschland nennt man sie meist Bluthunde, Kenner sprechen von Sankt-Hubertus-Hunden. Wobei an dieser Stelle bereits mit dem einen Vorurteil aufgeräumt werden muss: Ja, sie sind wohl mit die besten Schnüffler der Welt und werden von Hollywood gern in Szenen eingesetzt, in denen es um die Jagd auf Menschen geht. Blutrünstig sind sie aber nicht. Im Gegenteil: Bloodhounds sind gesellige, meist ziemlich gemütliche Familientiere. Gehorsam ist nicht ihre Stärke, Dickköpfigkeit gehört zu ihrem Wesen. Auch pingelige Hausfrauen werden sie vielleicht nicht unbedingt lieben, denn sie müffeln leicht und sabbern gern. Doch wer einmal so einen bis zu sechzig Kilogramm schweren Riesen, der noch dazu in einem viel zu großen Fell zu stecken scheint, in die Augen geschaut und dabei seinen faltigen Kopf in den Händen gehabt hat, kann sich leicht verlieben.

Den Falten verdankt er übrigens seine erstaunlichen Fähigkeiten. Beim Riechen nämlich kommt es auf Masse an, genauer auf die Masse an Riechzellen. Und wer viele Hautfalten im Gesicht hat, bekommt davon eine ganze Menge unter. Wie viele Riechzellen genau in ihrer faltenreichen Nase stecken, weiß bisher niemand, aber in einem Fall in den USA haben Bluthunde eine vier Tage alte Spur aufgenommen und einen in den Wäldern vermissten Mann gefunden, achtzig Kilometer vom Ort seines Verschwindens entfernt!

Die Chancen für die drei Läufer stehen also schlecht. Dennoch geben sie nicht auf: *Hunting the Clean Boot* nennt sich die vor allem in England ausgeübte Variante des Jagdreitens. Oder um es mit den Worten Nic Wheelers, des *Master of Hounds*, auszudrücken: »*It's manhunting for fun*«, eine friedliche Menschenjagd. Adrian,

Ein Bloodhound trägt seit alters her das Blut in seinem Namen, blutrünstig sind die Tiere aber nicht. Sondern mit einer Masse an Riechzellen in den Falten ihrer Nase die besten Schnüffler der Welt.

Mel und Graham sind freiwillig auf der Strecke. Gegen Abend werden sie etwa dreißig Meilen durch die Walachei gelaufen und dreimal von den Hunden und den ihnen nachfolgenden Reitern gefunden worden sein. Jedes Mal werden sie der japsend um sie herumhüpfenden Meute Leckerlis aus ihren Gürteltaschen geben, sich von Kopf bis Fuß ablecken lassen müssen und sich am Abend erschöpft fragen, ob sie es nicht doch eines Tages schaffen werden, die Meute zu foppen.

Gelegenheit gibt es jedenfalls genug. Von Oktober bis Mai dauert die Saison. Und sollte Nics Meute an einem Wochenende ausnahmsweise nicht zur Verfügung stehen, dann gibt es andere. Denn *Clean Boot Hunting* kommt mehr und mehr in Mode, vor allem, seit im Jahr 2005 die Hatz auf Füchse auch in England offiziell verboten wurde. Nic Wheelers Coakham-Bloodhound-Meute existiert seit 1976. Die einzige in Deutschland existierende Bloodhound-Meute ist die „Weser Vale Hunt" in Detmold. Sie wurde 1969 von Offizieren der damals dort stationierten englischen Truppen gegründet

und später von Busso Freise, einem Detmolder Kaufmann, übernommen. »Eine natürliche Spur zu verfolgen, ist einfach aufregender und stellt auch an die Hunde viel höhere Anforderungen«, erklärt Freise. »Die sonst bei Schleppjagden verwendeten Foxhounds oder Beagles würden hier scheitern.« Allerdings haben sie gegenüber den Bloodhounds einen gewaltigen Vorteil: Sie sind schneller, ausdauernder und können besser springen. Beinahe alle zur Clean-Boot-Jagd verwendeten Bloodhounds wurden deshalb irgendwann mit Foxhounds gekreuzt. Ihrer Riechfähigkeit hat das nicht geschadet. Was die Hunde erschnüffeln, ist weit von dem entfernt, was ein Mensch auch nur ansatzweise riechen kann. Denn eine Spur, das ist eine sich ständig ändernde Mixtur verschiedener Gerüche: Bodenbeschädigungen, tote Insekten, verrottende Pflanzen, der Geruch eines kreuzenden Kaninchens oder Rehs. Die Spur eines Menschen, erst recht wenn er Gummischuhe trägt, ist da oft nicht mehr als ein paar über dem Boden schwebende Moleküle. Und die riechen, abhängig vom Wetter und der Jahreszeit, immer anders. »Was einen guten Spürhund

Jeden Sonntag zwischen Oktober und Mai lädt der Joint Master zur Jagd auf seine Jogger. Die Läufer bekommen 45 Minuten Vorsprung, danach lässt er die Hunde der Coakham-Meute los, um sie zu suchen.

ausmacht, ist nicht allein die Nase, sondern auch die Fähigkeit, sich auf genau einen Geruch zu konzentrieren«, sagt Nic Wheeler. Gut riechen können viele, »unsere müssen das Richtige herausschnüffeln können.«

Um für die Meute immer genügend Hunde zu haben – kranke, lahme oder verletzte Hunde dürfen nicht mit, auch Hündinnen in der Hitze müssen zu Hause bleiben –, züchten die Wheelers zwei bis drei Würfe im Jahr. Die Besten bleiben, andere werden verkauft. Schon nach einigen Wochen beginnt das Training für die künftigen Jagd- und Riechexperten: kleine Suchspiele, bei denen sich Sue, Nics Ehefrau, im Garten versteckt und sich von der durchs Gras tapsenden Welpentruppe finden lässt. Später folgt Einzeltraining, bei dem die Hunde üben, aus vielen Spuren eine einzige auszufiltern.

Gerade Bloodhounds sind gut für diese Aufgabe geeignet. Das liegt in ihrer Geschichte. Als sicher gilt, dass es den Typ des Bluthundes bereits vor knapp zweitausend Jahren gab und er seither immer zur Nasenarbeit eingesetzt wurde. Um 700 lebte am Hof Theoderichs des Dritten, des Königs von Burgund, ein Mann namens Hubertus von Lüttich. Er war Pfalzgraf, wie fast alle damaligen Adeligen ein begeisterter Jäger. Da er auf die Religion und ihre Gebote pfiff, ging er auch am Karfreitag jagen, als plötzlich ein großer Hirsch vor ihm gestanden haben soll, in dessen Geweih ein Kruzifix leuchtete. Hubertus wurde bekehrt. Seine Hunde wurden im von ihm gegründeten Kloster St. Hubert gezüchtet, heutige Bloodhounds sind theoretisch Nachfahren einer knapp 1500 Jahre alten Schnüffel-Elite. Genau das und nicht etwa ihr Können könnte auch eine Erklärung für ihren Namen sein: Bluthunde, von hohem, also adeligem Blut.

Die Bloodhound-Gang von Nic Wheeler ist sich dieses Adels natürlich nicht bewusst. Nachdem die Hunde die drei Läufer das dritte Mal gesucht, gefunden und abgeleckt haben und die Jagdgesellschaft den Tag bei einem Drink ausklingen lässt, zerfetzen die Hunde, ganz ohne Etikette, erst einen ihnen zugeworfenen Pansen, um dann genüsslich noch ein wenig im Dreck zu wühlen.

Nach drei Stunden und gut fünfzig Kilometer Ritt durchs Gelände ist die unblutige Jagd vorbei. Was reicht ein englischer Jagdherr der Gesellschaft? Portwein, Sandwiches, Würstchen und Kartoffelbrei natürlich.

DER

Seit die Wikinger mit ihren schnellen Langbooten in Island landeten, lebt er an der Seite der Nordvölker: Der ISLANDHUND ist einzigartig, er gilt als wertvoll und ging ein in die alten Sagen. Doch die Menschen haben die Hunde bald verraten. Sie wurden erst verdammt, dann verjagt und schließlich fast vergessen.

EISBRECHER

Vorige Seiten: Islandhunde sind hart im Nehmen. Ob im Schnee oder beim Durchqueren eines eiskalten Flusses, sie weichen nicht zurück. Zähigkeit und gute Laune haben ihnen aber wenig genützt, sie waren fast ausgestorben.

Oben: Die Fjorde an Islands zerklüfteter Küste sind spektakulär. Das Dasein auf der Insel im Atlantik kann karg sein – ständige Entbehrung ist ein Grund, warum die Islandhunde so zäh und friedfertig sind.

Wer sich mit Isländern zum Wandern trifft, hat es oft schwer mitzuhalten. Ihren Rucksack locker geschultert, legen sie auch im schweren Gelände ein wahnwitziges Tempo vor, stapfen in kurzen Hosen durch Schneefelder und krempeln auch im ständig pfeifenden, eisigkalten Wind die Ärmel hoch. Zehn Grad gelten als warm, ab 15 Grad wird der Sommer ausgerufen. Wo andere sorgfältig geschmierte Butterbrote auspacken, kauen Isländer proteinhaltigen Trockenfisch oder schaben von einem in Salzwasser gekochten Schafskopf das Fleisch ab. Und wenn es dunkel wird, kreist am Lagerfeuer die Flasche mit Brennivín, einem Kartoffelschnaps, den man auch den schwarzen Tod nennt. Wer sechs Gläser schafft, darf sich Wikinger nennen, wer unter lautem Gelächter und Anfeuerungsrufen der Einheimischen außerdem noch ein Stück Hárkarl, den bestialisch riechenden luftgetrockneten Eishai, heunterwürgt, der hat Freunde fürs Leben gewonnen und wird am nächsten Tag notfalls auch bewusstlos über die Gletscher getragen: »Wir sind eben rau«, witzelt Guðni Ágústsson, der Präsident des Icelandic Sheepdog Breed Clubs. »In unseren Genen stecken noch immer die wilden Nordmänner. Wir glauben an Trolle, Elfen und Zwerge, wir trinken, singen und feiern gern, wir essen seltsame Dinge und freuen uns, eine Sprache zu sprechen, die von anderen kaum oder gar nicht gelernt werden kann und ganz uns gehört.«

Isländer sind lockere Menschen, die ihre windige, verregnete und in Teilen noch immer unerforschte Insel lieben. »Es ist der beste Ort der Welt«, findet Ágústsson. Nur in einem Punkt ist er neidisch auf Deutschland: »Wenn es um Hunde geht, ist es hier oft schwierig!«

Eisige Berge und Seen, reißende Flüsse: Island ist rau, die Natur atemberaubend wild und schön. Wer hier auf Entdeckungstour geht, freut sich über einen Gefährten. Dass dies der Islandhund sein kann, haben die Isländer inzwischen wiederentdeckt.

Oben links: Ein Papageientaucher kehrt nach einem Fischzug zu seinem Nest zurück. Ungezähmte Natur, wilde Tiere begegnen einem auf Schritt und Tritt. Oben rechts: Ein Nachkomme der „vergessenen Hunde".

Hundehaltung auf Island, das bedeutet Leinenzwang und unbedingtes Gassibeutel-Diktat. Keine Auslaufzonen innerhalb der Stadt und ein (auch angeleint!) streng kontrolliertes Hundeverbot in der Innenstadt. Hinzu kommen hohe Steuern und saftige Geldstrafen, wenn doch einmal eines der vielen Verbote überschritten werden sollte. Auf dem Land sieht man das zwar locker. »Hundebesitzer sind über die Jahre aber alles in allem zu einer beinahe schreckhaft vorsichtigen Gruppe geworden, die alles tut, um Ärger zu vermeiden.«

Die Hundephobie hat einen Namen: Fuchsbandwurm. Gelangt er in den Menschen, schädigt er die Organe, der Kranke stirbt. Heute sind Infektionen sehr selten, Anfang des vergangenen Jahrhunderts aber starben auf Island Tausende. Hunde gelten deshalb bei vielen noch immer als Krankheitsträger: »Eine vollkommen unsinnige Vorstellung, gegen die wir seit Jahrzehnten angehen«, schimpft die ehemalige Präsidentin des Iceland Kennel Clubs, Guðrún Ragnars Guðjohnsen: »Der Wurm wurde von Füchsen an Schafe weitergegeben. Er ging nur auf die Hunde über, wenn die Farmer die Schlachtabfälle verfütterten.« Weil es damals üblich war, den Hunden die Teller auf den Boden zu stellen, um sich den Abwasch zu sparen, kamen die Parasiten in die Menschen. Ab 1924 war die Haltung von Hunden in Städten deshalb gesetzlich verboten. Zurückgezogen wurde das Gesetz erst, nachdem ein Radiomoderator 1983 berichtete, Finanzminister Albert Guðmundsson habe, was für ein Skandal, eine dreizehn Jahre alte Hündin. Die Volksseele kochte, Streit entbrannte, erst als Guðmundsson verkündete: »Lucy gehört genauso zur Familie wie meine Kinder, und eher wandere ich aus, bevor ich sie weggebe«, zog Staatschefin Vigdís Finnbogadóttir die Notbremse. »Es waren, was Hunde angeht, unmögliche Zeiten«, erinnert sich Züchtervorstand Ágústsson. »Beinahe hatten wir einen Kulturschatz verloren: den Islandhund.«

Denn diese um 870 nach Christi Geburt von den Wikingern nach Island eingeschleppten Hunde gehören nicht nur zu den ältesten Hunderassen der Welt, sie sind auch einzigartig: Ihr Erbgut wurde nämlich nie vermischt. »Diese Tiere hier könnten so auch einem der alten nordischen Stammesfürsten gehört haben«, sagt Ágústsson und zeigt auf die etwa zwanzig munter durchs Hochland flitzenden Hunde. Die Geschichte der Islandhunde ist eine Geschichte von Vorurteilen, Ignoranz und Stärke. Vor allem aber ist es die Geschichte der heute über siebzig Jahre alten Sigríður Pétursdóttir. 1959 sah sie zum ersten Mal

Oben: Die Isländer sind stolz auf ihre weltbekannten Pferde – wie auf alles, was es nur auf der Insel gibt. Unten: Was für die Pferde gilt, trifft auf die Hunde noch nicht zu. Noch nicht. Rechts: Die Liebe zu ihren Hunden hat erst wenige Isländer erfasst, wie Guðni Ágústsson, Präsident der isländischen Hundezüchter.

einen Islandhund. »Er lag unter einem Baum, er war alt und fett, aber ich empfand, dass er einen ungeheuren Charme ausstrahlte.« Islandhunde waren damals schon selten. Mehrere Epidemien von Staupe, einer Viruserkrankung, hatten viele von ihnen getötet, Zäune hatten die von den Farmern einst als Hütehunde dringend benötigten Tiere auf einen Schlag arbeitslos gemacht. Und schließlich hatten die hohen Steuern dafür gesorgt, dass die meisten Islandhunde von den Höfen der Bauern schlicht verjagt wurden. »Genau so einen Hund wollte ich«, erzählt die alte Dame bei einem Besuch auf ihrer Farm.« Sie begann zu suchen – und fand keinen.

Kaufen konnte man Islandhunde nicht, es gab kaum jemanden, der etwas über sie wusste. Erst vier Jahre später fand Pétursdóttir einen Tierarzt, der ihr einen Welpen gab – und über ihn hörte sie von Tom Watson. Der Sohn eines englischen Grafen war ein begeisterter Islandtourist. Dass die Hunde vom Aussterben bedroht waren, hatte er schon bei seinen ersten Besuchen in den 1930er Jahren begriffen und mehrere Welpen nach England und Amerika ausgeführt. Die Rasse retten, das war seine feste Überzeugung, könne man jedoch nur, wenn jemand auf Island für sie kämpfte. Sigríður und der Brite wurden Freunde. Er gab den Anstoß, sie nahm die Herausforderung an und wurde Islands erste Hundezüchterin. Um beginnen zu können, suchte sie monatelang nach „Überlebenden": »Wir fanden hier neun Hunde. Vier waren zu alt, die anderen wurden der Beginn meiner Zucht.«

Unterstützung fand sie außerhalb der Familie wenig, dafür viel Kritik. Sie würde Krankheitsüberträger züchten, sagten einige. Sie spinne, höhnten andere. Auch am Geld haperte es. Futter- und Tierarztkosten waren hoch, die Rasse den meisten eher unbekannt, nicht für die Zucht geeignet, und Welpen waren – fatal für jemanden, der auf Mitstreiter am Markt angewiesen ist – schwer oder gar nicht zu verkaufen. Ihre Zuchtbasis von nur fünf Tieren machte Sigríður Pétursdóttir ebenfalls Sorgen. Tierärzte hielten die Augen nach weiteren Hunden offen, für zwei Tiere, die Tom Watson aus England schickte, erstritt sie bei den Behörden eine einmalige Importgenehmigung.

Wandern mit Hund, wo Island am ursprünglichsten ist: Einmal im Jahr treffen sich die Hundezüchter zur Versammlung. Eine Erkundungstour ins Grüne gehört zum Programm – genau das Richtige für die Hunde.

Aber es ging voran: Bauern, Schafzüchter, Tierärzte, jeder der etwas über die Islandhunde hätte wissen können, wurde befragt, ein Informationshäppchen zum nächsten gefügt: »Nach und nach bekamen wir ein Bild davon, was für wundervolle Tiere diese Hunde waren.« Island wurde im siebten Jahrhundert von keltischen und germanischen Sippen bevölkert. Im achten Jahrhundert kamen norwegische Bauern hinzu. Zu deren wertvollstem Besitz gehörten die Buhunde, kleine, dem Spitz ähnliche Alleskönner, die als Treib-, Wach- und Hofhunde eingesetzt wurden. Sie vermischten sich mit den Tieren der Kelten und Germanen, und weil Island isoliert war, gab es bald nur noch einen Hundetyp: Isländer.

Was sie damals wertvoll machte, ist ihr Hütetrieb. Sie jagen kaum, wohl weil es auf Island außer Füchsen, Mäusen und Vögeln wenig zu jagen gibt, und stürzen sich voller Begeisterung in die Arbeit eines Hütehundes. Schafherden halten sie ohne Anleitung des Schäfers zusammen, auf den beschwerlichen und meist mit vielen Ponys durchgeführten Warentransporten sorgten sie

von allein dafür, dass keines der Pferde abhanden kam. Sie sind wachsam, bellen viel und gern, als Wachhund aber sind sie nutzlos. Denn Isländer beißen nicht. Der Grund: Selektion. Menschen, deren karges Leben vom Funktionieren ihrer Hunde abhängt, haben keinen Sinn für Machtkämpfe. Aggressive Tiere wurden getötet.

Sigríður Pétursdóttir hat ihr Ziel erreicht: 1969 begrüßte sie im Hotel Saga in Reykjavík die acht ersten Mitglieder des von ihr gegründeten Icelandic Kennel Clubs, seit 1972 ist die Rasse vom Züchterweltverband FCI, der Fédération Cynologique Internationale, anerkannt. Die Begeisterung der Hundenärrin hat andere angesteckt. Etwa 1500 Islandhunde leben heute über die Welt verstreut, fünf davon auf Sigríðurs Farm. 2008 wurde ihr für die Rettung der Rasse vom Staatspräsidenten ein Orden verliehen: »In Gedanken habe ich ihn mit Tom Watson geteilt«, sagt Sigríður Pétursdóttir. Eigentlich wollte sie auch einen Hund zur Verleihung mitnehmen, ließ es dann aber doch bleiben. Ein Hund im Parlament? »Ich glaube, so weit sind wir hier auf der Insel noch nicht.«

Der Marsch durch unwegsames oder steiniges Gelände ist für den Islandhund kein so großes Problem. Seine Pfoten sind stark.

Wacher Blick und nach oben gezogene Lefzen: Islandhunde sind Arbeitstiere.

WO EIN KÖNIG WACHT

Seit der Mensch Schafe hat, muss er sie beschützen, am besten mit Hunden. Denn am Tag kreisen Raubvögel über den Herden, nachts sind sie Ziel von Wölfen, Wildkatzen und Dieben. Einer der ältesten Herdenschutzhunde der Welt ist der türkische KANGAL. »Wo er wacht«, sagen die Hirten, »können alle ruhig schlafen.«

Vorige Seiten: Kangals sind mächtige Hunde. Sie haben Besitzer, dulden aber keine Herren. Sie ordnen sich nicht unter, befolgen keine Befehle und entscheiden selbst, wann sie einschreiten – das ist vor allem nachts.

Oben: Die Herdenschutzhunde im türkischen Taurusgebirge leben bereits als Welpen mit den Schafen in einer Herde, sie wachsen gemeinsam auf. Die Bindung zu den Schafen ist groß, die zum Hirten eher locker.

Kral, der König, ist sauer. Schlecht gelaunt liegt er vor seiner mit Wellblech gedeckten Hütte und schmollt. An seinem Hals hängt eine schwere Kette. Dass die am Hals zieht und ständig klötert, nervt ihn zwar, richtig böse aber macht ihn, dass sie ihn daran hindert, zum anderen Ende des Dorfes zu gehen und den vier dort herumlungernden Jungrüden zu zeigen, wer hier wirklich das Sagen hat: »Aber die gehen in ein paar Wochen in die Berge«, sagt der Dorfälteste. »Und dann können wir ihn wieder frei herumlaufen lassen.«

Bis dahin aber hängt er an der Kette. »Nur nachts lassen wir ihn frei. Denn er ist der beste Kangal in der Gegend.« Vor drei Monaten, erzählt der Mann, strich ein hungriger Wolf ums Dorf. Das Vieh war unruhig, die Hunde waren in Alarmbereitschaft. Natürlich hat ihn auch der König bemerkt. Aber er hat ihn gelassen. Zwei Nächte lag Kral einfach nur da und starrte in die Dunkelheit. In der dritten Nacht aber – da wurde der Hunger wohl zu groß – versuchte der Wolf, ins Dorf zu kommen und eines der Schafe zu reißen: »Es ging sehr schnell«, erzählt der Alte. »Wir hörten Jaulen und den Lärm eines Kampfes, und als wir herausgelaufen kamen, war der Wolf schon tot.« Seine Augen leuchten vor Stolz, wenn er vom König spricht: »*Kangal köpeği nöbettutuyorsee rahatea uyuyabilirsiniz*«, wenn ein Kangal wacht, können alle ruhig schlafen.

Kangals sind Wächter. Sie sind groß, kräftig, schnell und scheinen keine Furcht zu kennen. Sie sind Hunde einer anderen Zeit. Ihre Geschichte beginnt im elften Jahrhundert. Damals, als die Seldschuken, eine Fürstendynastie, in der Schlacht von Manzikert die Byzantiner schlugen und Zentralasien eroberten. Durch die Seldschuken kamen die Türken nach Zentralanatolien. Ein Land, in dem damals wie heute viele Regionen abgelegen und unendlich einsam sind. Im Hochland gibt es keine Bäume. Auf dem Boden gedeiht wenig, die Winter sind eisig, im Sommer steigt das Thermometer auf über 45 Grad. Die Lebensgrundlage der Menschen sind die Kangal-Schafe, eine Rasse, die nur hier im Hochland vorkommt. Sie sind größer und schwerer als andere Schafe, geben mehr Fleisch und viel mehr Milch. Außerdem ist ihre Wolle begehrt: Kangal-Wolle ist feiner, gelockter und von viel besserer Qualität. Wollhändler kamen von weit her, um Handel zu treiben.

Doch die Berge Zentralasiens sind auch die Heimat der Beutegreifer. Bei Tag kreisen Raubvögel über den Herden, nachts sind sie Ziel der Wölfe, Füchse, Marder und Wildkatzen. Die Hirten sind machtlos. Wer mit dem Hirtenstock wedelnd von einem Ende der Herde zur anderen rennt, kommt meist zu spät, und wer sich einem angreifenden Adler in den Weg stellt, trägt tiefe Wunden davon. Kein Hirte trotzt einem Wolf. Ein ganzes Rudel lässt sich von Menschen schon gar nicht verjagen. Wölfe aber fürchten Hunde, selbst große Raubvögel vermeiden den Kampf. Denn wenn ihr Beschützerinstinkt groß genug ist, greifen Hunde sogar Adler an. Ihre Wunden lecken sie sich später.

Herdenschutzhunde wie die Kangals sind keine normalen Hunde: Ihr Beschützerinstinkt ist übermächtig, Aufpassen ihre größte Leidenschaft. Als Welpe werden sie, gemeinsam mit der Mutter, in die Herden gesetzt und wachsen in ihr auf – so entsteht die Bindung. Ob sie später glauben, alle Schafe seien Hunde, oder sich selbst für Schafe halten, weiß niemand, fest steht aber: Es gibt kaum bessere Hüter. Bis zu vier Hunde begleiten die Herde. Möglich, dass man keinen von ihnen sieht, ganz sicher aber ist einer von ihnen da, wenn es brenzlig wird. Und wie die Räuber, vor denen sie die Herde beschützen, sind sie vor allem nachts aktiv. Die Hündinnen patrouillieren zwischen den Schafen, die Rüden umkreisen die Herde, den muskulösen Hals von einem breiten, mit langen Dornen besetzten Eisenband geschützt. Sie können aggressiv sein, sind aber nie aufbrausend. Denn wer die

Eisig im Winter, 45
Taurusgebirge

Kangals sind nicht aggressiv. Nähern sich Frauen
und Kinder den Hunden, sind die Männer nicht wei'

Ein junger Rüde mit der typischen Maske. Kangals
gelten als Schlag des Anatolischen Hirtenhunds.

Kontrolle verliert, fällt auch auf Ablenkungsmanöver herein. Und was taugt schon ein Wächter, der einen Angreifer verfolgt, während der Rest des Rudels in die Herde einfällt? Das scheinen die Kangals nie zu vergessen.

Kangals beobachten und bewerten. Erst wenn sie ein eindeutiges Zeichen für Gefahr sehen, greifen sie an. Dann aber sind sie unerbittlich. Mustafa Kemal Atatürk, der beinahe kultisch verehrte Begründer der modernen Türkei, soll einst gesehen haben, wie ein grauer Wolf gegen einen Kangal kämpfte. Atatürk wurde damals als Rebell gejagt, auf seinen Kopf war eine hohe Belohnung ausgesetzt. Er war moralisch am Boden, dachte daran, sich zu stellen und seine Ideale aufzugeben. Der Mut des Wolfes aber, der sich einem so mächtigen Gegner stellte, imponierte ihm so, dass er sich selbst den Beinamen »Bozkurt«, grauer Wolf, gab. Im Oktober 1923 wurde er der erste Präsident der Republik Türkei.

Kangals sind vollkommen selbstständig. Auf die Rufe des Hirten reagieren sie zwar, ob sie auf ihn hören, hängt aber von ihrer Laune ab. Sie sind intelligent, lernen schnell, befolgen Befehle aber nur, wenn sie ihnen auch sinnvoll erscheinen. Wer über tausend Jahre über die Herden wacht, lernt selbst zu entscheiden. Kangals haben Besitzer, einen Herrn aber haben sie nicht – und sie brauchen ihn auch nicht. Denn die Nutzgemeinschaft, in der Hunde in vielen westlichen Ländern leben, Arbeit gegen Futter, Wärme und Zuneigung, existiert im Taurusgebirge nicht. Keiner der Hunde betritt je ein Wohnhaus, der körperliche Kontakt zu Menschen ist gering, und auch der Küchenplan lässt viele Hunde-Wünsche offen. Denn die Hirten füttern meist nur Yal, einen Brei aus Gerstenmehl und Wasser. Der füllt zwar den Magen, enthält aber nicht die Proteine, die der Hund braucht. Will er Fleisch, muss er jagen. Oder er hat Glück und bekommt ein Schaf – denn geschächtet werden dürfen

im Islam nur körperlich unversehrte Tiere. Wer krank oder verletzt ist, den fressen die Hunde.

Nach Europa kamen die ersten Kangals 1965. Eine Archäologin schwatzte einem Bauern im Tausch gegen ein Jagdmesser einen kleinen Rüden ab und brachte ihn nach England. Später holte sie noch eine Hündin. Gazi und Sabahat sind die Stammeltern fast aller in Europa lebenden Kangals. In ihrer Heimat hatten die Hunde bis dahin nicht mal einen eigenen Namen. Kangals nämlich heißen sie erst seit etwa 1980, bis dahin waren sie schlicht Çoban Köpeği, Schafshunde.

Den kulturellen Wert ihrer Hunde erkannten die Türken selber spät, dann aber mit aller Macht: Heute gelten sie als Nationalschatz, ihr Konterfei ziert zwei Briefmarken und eine Münze. Es gibt staatliche Zuchtprogramme und mehrere Forschungsprojekte. Das Problem: Mit

Links: Kangals können große Schmuser sein, aber sie entscheiden, wer sie umarmen darf. Oben: Ihre wahre Liebe sind die Schafe, mit denen die Hunde von klein auf zusammen sind. Seit etwa dreitausend Jahren hüten die Hunde Schafe. Bei den Menschen im Taurusgebirge heißen sie nur Çoban Köpeği, Schafshunde.

dem Kangal-Fieber kam die irrationale Mystifizierung. Uralte Geschichten, die man sich früher nur am Lagerfeuer erzählt hatte, machen die Runde. Kangals hätten hellseherische Fähigkeiten, heißt es. Um sie unbesiegbar zu machen, müsse man ihnen die abgeschnittenen Ohren ihrer Gegner unter das Futter mischen. Ihre Wolfskrallen – einige Tiere haben sogar zwei an jeder Pfote – seien ein Zeichen für außergewöhnliche Intelligenz und brächten dem Besitzer der Hunde Glück. Manche Kangal-Verehrer rücken die Kangals sogar in die Nähe von Staatsgründer Kemal Atatürk: Die Hunde sollen an seiner Seite gekämpft und ihm sogar mehrfach das Leben gerettet haben. »Natürlich ist das alles Humbug«, sagt Elisabeth von Buchwaldt. »Kangals sind keine mystischen Wesen. Sie sind zwar besondere Hunde, an ihnen ist aber nichts Geheimnisvolles!«

Wer sich in Europa für Kangals interessiert, kommt an der Hamburgerin nicht vorbei. Seit über zwanzig Jahren macht sie sich für die Hunde stark, besitzt selbst vier. Mehrmals im Jahr reist sie in die Türkei, seit zwei Jahren ist sie Ehrenbürgerin von Kangal. Sie hat Impfaktionen organisiert, Forschungsprojekte angeregt, Staatsvertreter wachgerüttelt und Gelder lockergemacht. Sie kennt alle Blutlinien und Züchter, vermittelt Hunde für Herdenschutzhund-Projekte in der ganzen Welt und hat sich im Laufe der Jahre ein gut funktionierendes Informationsnetzwerk aufgebaut. Doch nicht immer ist sie glücklich über die Nachrichten, die sie darüber bekommt: Bilder blutiger Hundekämpfe, Meldungen über Staupeepidemien und Mitteilungen über sinnlos gestorbene Tiere. So verherrlicht die Rasse insgesamt, so wertlos scheint in der Türkei oft das Individuum zu sein: Kettenhaltung gilt als normal, geimpft wird selten, einen Tierarzt lernen nur die wenigsten Hunde kennen. Und immer wieder sterben Hunde aufgrund der Nachlässigkeit ihrer Besitzer: »Beim Kangal-Festival, das alle zwei Jahre stattfindet, habe ich einmal zwei wunderschöne Hunde gesehen, die ihr Besitzer bei über dreißig Grad im Schatten im geschlossenen Kofferraum seines Kleinwagens transportiert hatte.« Der Mann posierte mit sei-

Herdenhunden beschneidet man oft die Ohrlappen, später tragen sie ein eisenbewehrtes Dornenband.

nen Hunden für Fotos, er schüttelte Hände, freute sich über einen Preis, den er für seine Tiere bekommen hatte, sperrte sie dann wieder in den Kofferraum und ging gut gelaunt etwas trinken. »Als er nach ein paar Stunden wiederkam, waren sie tot. Gestorben am Hitzschlag.«

Kangals sind ein Statussymbol. Ihr Besitz lässt Kleine groß und Starke noch stärker erscheinen. In Niedersachsen unterhält Elisabeth von Buchwaldt gemeinsam mit ein paar Gleichgesinnten einen Gnadenhof, auf dem zeitweise hundert Kangals leben – fast alle wurden in Großstädten wie Berlin, Köln oder Essen im Hinterhof geboren. Kangals sind Hunde des Mittelalters. Sie sind ursprünglich, eigenständig und innerlich unabhängig. Für ein Leben in der Stadt sind sie nicht gemacht, mit anderen Hunden kommen sie schlecht zurecht. Wirklich glücklich sind sie nur, wenn sie eine Aufgabe haben, am besten Beschützen. Doch die Schafwirtschaft schrumpft auch in der Türkei, für den Einsatz in Rinderherden sind Hunde ungeeignet, und alle bisherigen Versuche des

Die Hunde in Kangal haben häufig deformierte Knochen. Die Hirten füttern Yal, einen Brei aus Wasser und Gerste. Das Kalzium darin lässt die Knochen wachsen, fehlen Proteine, kommen die Muskeln nicht nach.

Militärs, Kangals im Wachdienst einzusetzen, erwiesen sich als Reinfall. Schutzhunde müssen sich unterordnen, Befehlen folgen und zuverlässig sein – alles keine Stärken der anatolischen Riesen. Als Familienhunde haben sie sich zwar bewährt, sofern ihr Besitzer bereit ist, einen sehr hohen und stabilen Zaun zu ziehen, als Begleithund aber sind die meisten eine Katastrophe. Und weil Kangals in einigen Bundesländern auf der Liste vermeintlich gefährlicher Hunde stehen, werden Spaziergänge für die Besitzer zum Stress. Denn egal wie harmlos ein Vorfall, beschwert sich jemand, rückt das Ordnungsamt an.

Ist ihre Zeit vorbei? Nein, sagt Elisabeth von Buchwaldt. »Aber wir müssen neue Aufgaben für sie finden.« Denn einen großen Vorteil haben die eigensinnigen Riesen: Von allen Herdenschutzhunde-Rassen der Welt sind sie die einzigen, die noch in nennenswerter Stückzahl an der Herde arbeiten. Sie sind intelligent, begreifen schnell und können auch für individuelle Jobs eingesetzt werden. Im schleswig-holsteinischen Kaltenkirchen lässt

eine Schäferin zwei Kangals in ihrer Herde mitlaufen, um die streng geschützten, für die Lämmer aber gefährlichen Kolkraben zu vertreiben. Der Versuch, Kangals in Namibia zum Schutz von Schafherden vor Geparden einzusetzen, war erfolgreich, bei Schafzüchtern in den USA und Australien werden Kangals immer beliebter. Dort liegen die Weiden teils so einsam, dass kein Hirte bei der Herde bleibt – ideal für einen Hund, der mit seinen Schutzbefohlenen am liebsten allein ist.

Auf einer Weide bei Kangal trottet ein Schaf auf eine in der Herde liegende Kangal-Hündin zu. Neugierig kaut es an den Stacheln des eisernen Halsbands herum und legt dann vertrauensvoll den Kopf über die Schulter des Hundes. Kopf an Kopf stehen beide im Gras. Für den Hirten ein gewohntes Bild. »Ich habe gehört, dass ihr auch in Deutschland Kangals habt und sie bei euch sogar im Haus leben«, flüstert er und zeigt auf das ungleiche Paar. »Aber glaube mir, wirklich glücklich sind die Hunde nur, wenn sie bei den Schafen sind.«

DER BERGFEX

Sein Ruf glänzt wie Gold. Der BERNHARDINER gilt als gutmütig, kinderlieb und ist als Lebensretter eine Legende. Jahrhundertelang war er der treue Begleiter der Augustiner auf dem Großen Sankt Bernhard. Heute sorgt sich die „Stiftung Barry" um den Fortbestand seiner Rasse, und hoch oben auf dem Berg können tierfreundliche Touristen auch mit den großen Hunden spazieren gehen.

Er ist ein sanftmütiger Gefährte, der Bernhardiner. Auf seinem hohen Hals trägt er einen imposanten Kopf. Tatsächlich schaut er geradezu gutmütig mit seinen braunen Augen auf den Entgegenkommenden, verrät sein liebevolles Wesen. Sein dichtes, meist anliegendes Fell fühlt sich ein wenig rau an bei der Berührung und ist rot-weiß gefleckt. So ein ausgewachsener Bernhardiner kann bis zu hundert Kilo schwer werden. Er ist kein Kuscheltier, obwohl er eine einzige Einladung zum Anlehnen ist.

Mancher, der nach seiner Herkunft forschte, behauptet, er stamme aus Asien. Auf jeden Fall galten die Bernhardiner in Wallis, Waadt und Berner Oberland bereits im Mittelalter als gute Wachhunde. Etwa 1670 gelangten sie, wohl als Geschenk Schweizer Familien, zu den Augustinern in das Hospiz auf dem Grossen Sankt Bernhard. Dort wurden sie bis 2004 gezüchtet. Der 2473 Meter hohe Berg gab den Hunden ihren Namen: Bernhardiner.

Sein Pass bildet die Grenze zwischen Italien und der Schweiz und hat schon Napoleon samt Mannen vorbeischnaufen sehen. Mehr als die Hälfte des Jahres hängen Kälte und Nebel über der karstigen Höhe. Viele Reisende zwischen den Ländern nehmen heute statt der imposanten Alpenstraße den Tunnel durch den mächtigen Berg. Wenn das Wetter es erlaubt, lohnt aber die Fahrt hinauf: erst mit dem Auto, dann mit der Bahn von Martigny, weiter mit dem Bus.

Oben im Hospiz, das 1050 vom Heiligen Bernhard gegründet wurde und seitdem allerlei Anbauten erfahren hat, leben lediglich noch drei Augustiner. Sie sehen allerdings eher aus wie der Hans von nebenan in ihren Rollkragenpullovern, über denen das heilige Kreuz baumelt.

Seit die gottesfürchtigen Männer die Aufzucht der Hospiz-Bernhardiner aufgegeben haben, widmen sie sich ganz der Seelsorge, allerdings nicht mehr in ihrer Kutte.

Wer will, kann in der Barockkirche innehalten oder im Hospiz nach einer Herberge fragen. Tierliebende Bergwanderer besuchen die Bernhardiner an ihrem Auslauf und spazieren dann Seite an Seite mit einem trittfesten Hund sowie seinem Menschenbegleiter eine kleine luftige Zeit auf ausgewählten Wegen durch leichteres Gelände. Die „Stiftung Barry", die sich für die Wahrung der Geschichte der beliebten Hunde einsetzt und sich nach Barry, einem der legendären Bernhardiner, benannt hat, bietet nämlich seit Neuestem Wanderungen mit ihren Bernhardinern an. Manuel Gaillard, Mitglied der Stiftung, Chef aller Tiere und ihr oberster Züchter, hält nicht viel vom romantischen Bild

Links: Einen Erste-Hilfe-Einsatz unternehmen Bernhardiner nur noch für das Foto. Die „Stiftung Barry" in Martigny bietet aber von Bernhardinern begleitete Wanderungen auf dem St.-Bernhard-Gebirgsweg an.
Oben rechts: Auf dem Weg zur Passhöhe erwartet Wanderer seit je Schweizer Wehrhaftigkeit.

um das ruhmreiche Tier. Ein Bernhardiner ist für ihn wie jeder Hund: »Auf die Erziehung kommt es an.« Zwanzig Tiere hat die Stiftung zurzeit. Acht leben im Bernhardiner-Museum im Rhônetal. Die anderen in großen Zwingern auf dem Hospizgelände. Ab und zu purzeln auch Welpen durchs Gelände. Privat hält Manuel Gaillard allerdings einen Deutschen Schäferhund aus der Zucht seines Vaters. »Der würde niemals so gut im Berg gehen«, weiß er. »Bernhardiner sind selbstständiger und äußerst trittsicher. Ob's an den Pfoten liegt?«

Seit dem 18. Jahrhundert war es die Aufgabe der Hospizdiener, den Wanderern im Gebirge entgegenzugehen und die Erschöpften über den Berg zu führen. Machte ein Knecht seine tägliche Runde, hatte er Brot und eine Flasche Wein in der Tasche und wurde von ein oder zwei großen Bernhardinern begleitet, die vorangehend darauf abgerichtet waren, Verschüttete auch in großer Tiefe aufzuspüren und selbst im Schneesturm den Weg zum Hospiz zurückzufinden. Der erwähnte Barry (1800–1814) soll vierzig Menschen das Leben gerettet und mit einem erschöpften Kind auf dem Rücken das Hospiz erreicht haben. So etwas schafft Legenden, Barrys Denkmal steht auf dem Pariser Hundefriedhof in Asnières, und die Stiftung Barry nennt noch heute den schönsten Rüden eines Wurfes nach ihm. Der Bernhardiner, seit 1887 als Schweizer Rassehund anerkannt und gern als pittoresker Pistenheld dargestellt, war zuallererst ein reiner Begleithund, wie die Mönche auf dem St. Bernhard überlieferten. Er ist der geborene Spürhund und geht voran, als eine Art Wegtreter für Nachfolgende. Erst in den 1950er Jahren wurde er professionell zum Lawinenhund ausgebildet. So sehr er sich auch für diese Aufgabe eignet – schon wegen seiner untrüglichen Nase –, heute setzt man leichtere Hunde für die Suche nach Verschütteten ein. Bernhardiner sind zu groß und schwer für den Transport in Helikoptern und Pistenfahrzeugen. Ihre ansonsten gerühmte Besonnenheit heißt auch: Sie haben es nicht eilig. Ein als Lawinenhund ausgebildeter Schäferhund ist schneller.

Zurzeit werden keine Lawinenhunde in der Stiftung Barry gezüchtet, wohl aber Bernhardiner für die Erhaltung der Rasse. Jeder Tierfreund kann dort einen Bernhardiner kaufen. Zehn Monate jung sind sie und an Menschen gewöhnt, wenn sie Martigny hinter sich lassen. »Den letzten Bernhardiner haben wir nach Berlin verkauft«, erzählt Manuel Gaillard, der Züchter. Die arbeitsreichen Jahre der liebenswerten Bergarbeiter sind vorbei. Jetzt wird gelebt und hin und wieder dem sanften Tourismus gedient. Da ist die kleine Wanderung über die steinigen Matten rund ums Hospiz die reine Erholung. Das tut dem Hund gut, und der Wanderer entspannt beim Anblick des gemessen vorangehenden Hundes. Der trägt jetzt ein rotes Halsband mit dem Schweizer Kreuz und sieht sehr schmuck aus, der Schweizer Nationalheld. Um seinen Leib schlingt sich eine ebenso rote Tasche mit dem Allernötigsten für den Erste-Hilfe-Fall. Das Holzfässchen unter dem Kinn wird man vergeblich suchen. Für solchen Kitsch sind weder Stiftung noch Züchter zu haben. 🐕

Unten: Manuel Gaillard obliegt seit 2005 der Fortbestand der weltberühmten Bernhardiner in der Stiftung Barry. Rechts: Ein Bernhardiner der Martigny-Züchtung mit dem sprichwörtlichen Hundeblick.

»Menschen zu trainieren, ist schwieriger. Hunde sind logischer«, sagt Derek Scrimgeour. Der Spezialist für BORDER COLLIES kennt sich gut aus. Er arbeitet mit den flinken Hütehunden in den Borders, der Region an der Grenze zwischen England und Schottland, nach der diese Hunderasse benannt wurde.

FLINKE GRENZ-GÄNGER

Der Rüde Ralleye und seine Verwandten hüten in ihrer angestammten Heimat bis heute Schafe und Rinder. Hat ein Border Collie erst einmal das Viehhüten entdeckt, kann er von dieser Arbeit gar nicht mehr lassen.

Die Hügellandschaft der Borders, des Grenzgebiets zwischen England und Schottland, ein faszinierendes Stück Erde: Der Blick geht weit über die Weiden mit ihren Schafherden hinauf auf die kargen Bergrücken.

Kelswick ist ein Städtchen nahe der grünen Grenze zwischen Schottland und England. Hier gibt es mehr Outdoor-Geschäfte als Supermärkte. Wandern steht hoch im Kurs. Das Gebiet ist bekannt für seine dramatischen Berge, seine kristallklaren Seen und Schafe, die wie Pusteblumen scheinbar endlose Wiesen zieren. Hier ist die Heimat des Border Collies, der seinen Namen nach dem Grenzland, den Borders, erhielt. Sobald die schottischen *Blackface sheep*, die Schwarzkopfschafe, im Frühjahr lammen, ist auf den Bergkuppen jede Menge los. Damit die Herden genug Futter finden, müssen sie lange Strecken bewältigen. Sie zu leiten, wäre ohne die gelehrigen Hunde für Schäfer und Bauern noch heute fast unmöglich.

Ein langer Pfiff tönt durch die frisch gemähten Wiesen. Ein Schafsknäuel eilt, in einem Halbkreis springend, den Berg hinab. An ihren Fersen heftet Bluddy, ein ausgebildeter dreijähriger Border Collie, der heute schon so viel wert ist wie ein Kleinwagen. Er gehört Derek Scrimgeour. Die Hunde des erfolgreichen Züchters und Trainers sind bei Farmern und Schäfern heiß begehrt. »*Lay down*«, ruft er dem Vierbeiner mit der weißen Blesse zu. Sofort legt sich Bluddy mit den Vorderpfoten auf die Wiese und bleibt in angespannter Haltung liegen.

»Ein guter Hütehund muss seine Herde kontrollieren, darf sie aber nicht panisch machen«, erklärt der Experte. Seit dreißig Jahren trainiert der gelernte Farmer aus Perthshire Border Collies. »Bei der ersten Begegnung mit dieser Rasse wurde ich gebissen und wollte für den Rest meines Lebens mit Vierbeinern abschließen«, erzählt er. »Meine Eltern beschlossen, dass meine Angst nur mit einem eigenen Hund zu kurieren sei.« Ein Border Collie wird im Gegensatz zu anderen

Hüterassen den Menschen als Leithund akzeptieren. Derek Scrimgeour bekam seinen ersten Border Collie, war fasziniert von der Gelehrsamkeit des Hundes und spürte der Historie des Tieres nach. Schon im 16. Jahrhundert setzte man in Großbritannien *sheep dogs* auf großflächigen Weiden zum Sammeln der Tiere ein. Sie wurden schnell unentbehrlich. Als Stammvater der modernen Border Collies wird der 1893 geborene Old Hemp angesehen, der wegen seiner Fähigkeit, das Verhalten der Schafe richtig einzuschätzen, als Zuchtrüde in großem Umkreis begehrt war.

Noch heute zählen zu den Aufgaben seiner Nachfahren das Zusammentreiben der Tiere, der Marschtrieb, die Isolierung von einzelnen Schafen, die Umgehung von Hindernissen und das Einbringen in den Stall. Bei allen Aufgaben darf der Hundeführer übrigens nur aus Distanz und im Notfall lenkend eingreifen. »Im Unterschied zu vielen anderen Rassen akzeptiert ein Border Collie, dass man der Leithund ist«, erklärt Derek Scrimgeour.

Oben: Seit mehr als zwanzig Jahren ist Lonscale Farm ein Ort für Zucht und Ausbildung von Border Collies.
Rechts: Tochter Rachel hilft bei der Collie-Zucht, ihr Liebling aber ist Millie, ein West-Highland-Terrier.

»Er würde nie um die Rolle des Alphahundes kämpfen. Er versteht sich einfach als Teamarbeiter, er möchte Aufgaben erhalten und diese erfüllen, so gut er es vermag.«

Zwanzig Hunde leben mit Scrimgeour inzwischen auf der Lonscale Farm, einem alten Farmhaus direkt in den Borders. Zu seinem Hundestamm gehören auch Welpen. Die kleinsten sind zwei Tage alt und krabbeln mit geschlossenen Augen unter dem Bauch der Mutter hervor. »Mit einem Hundetraining sollte man früh beginnen und es mit Spaß aufbauen«, sagt der Züchter. »Border Collies lernen leicht, wenn es ihnen Freude macht. Sie besitzen unglaubliche Fähigkeiten hinsichtlich Athletik, Ausdauer und Lernwilligkeit.« Inzwischen findet er, dass die Hunde einfacher zu trainieren sind als ihre Besitzer. »Viel zu viele Besitzer übertragen die eigenen Emotionen auf den Hund. Er hat zwar Gefühle, aber eben nicht die gleichen wie wir. Also vermittle ich schon in der ersten Stunde: Tiere fühlen anders als wir!«

Auch heute erscheint bei ihm ein kleiner Hilfe suchender Trupp: wortkarge Farmer aus der Umgebung ebenso wie quirlige Hundebesitzer aus Irland und Spanien. Gemeinsam mit ihnen stiefelt Border-Collie-Fachmann Scrimgeour auf eine angrenzende Wiese, auf der er zwei Schafherden hält, um die Border Collies zu trainieren. Mike Field, ein Arzt aus Nordirland, führt seinen Begleiter Spickey vor. »*Get back*«, ruft er dem flinken Border Collie zu, der im Schnellspurt fast vierzig Stundenkilometer Geschwindigkeit hinlegt. Für den Mediziner Field war das Training mit dem Vierbeiner zuerst nur ein Hobby. »Inzwischen habe ich mir sogar eigene Schafe angeschafft, damit der Hund das Zusammentreiben üben kann«, gesteht er seine neue Passion.

Beim Hüten senkt sein Border Collie Spickey den Vorderkörper ab und hat die Rute konzentriert eingezogen. Der Hund bewegt sich langsam vorwärts und richtet den Blick starr auf die Schafe. Diese komplexe Art löst ein Fluchtverhalten bei den Tieren aus. Normalerweise. Doch heute läuft bei Spickey manches schief. Er hat seine Herde nicht unter Kontrolle, verfolgt sie in die falsche Richtung oder lässt sie ausbüxen. »Du müsstest deinen Hund mehr kommandieren, du fragst ihn viel zu sehr mit deiner Stimme«, stellt Derek Scrimgeour fest. Er gibt den Tipp, mit einer Pfeife zu arbeiten. »Sie trägt keine Emotionen, sondern vermittelt nur den Befehl.« Mike Field probiert es aus. Spickey reagiert sofort auf den Pfiff, treibt die Herde im Eiltempo zusammen und stiebt auf seinen Besitzer zu. »Na also«, lobt Scrimgeour.

Inzwischen gilt der Hundetrainer als Koryphäe, publiziert Bücher und Filme. Aber er selbst unterrichtet seine eigenen Hunde nur zweimal wöchentlich. »Es ist wie bei den Menschen: Ein kluger Hund braucht keine tägliche Übungsstunde«, erklärt er. »Er kann sich auch sehr gut selbst beschäftigen.« Sein Arbeitstrieb ist ausgeprägt. Wird dies nicht beachtet, kann der Border Collie zum Tyrann seiner Umwelt werden. Da nicht jeder ein Schaf hat, sollte man den Border gut schulen und ausbilden. Wenig Sinn hätte es zu testen, ob der eigene Hund hüten kann. Man würde einen schlummernden Trieb wecken – der das Tier unstillbar antreiben würde. Es wäre sogar verwerflich, einen Border am Vieh laufen zu lassen. Schnell kehrt sich diese Erfahrung in ein Versprechen um, das dann kein Besitzer mehr einlösen kann.

Nach dem Kurs treffen sich Besucher und Hunde in Scrimgeours großer Bauernküche. Tochter Rachel bereitet das Essen zu, die Hundebesitzer verteilen sich am Tisch, schlürfen Tee und lassen den Tag Revue passieren. Was das Besondere an der Beschäftigung mit den Border Collies ist, wird in die Runde gefragt. Die Antworten kommen wie aus der Pistole geschossen: Es wird nie langweilig mit den kleinen, schnellen Hunden. »Wenn man einen Border Collie hat, muss man ihm unbedingt etwas zu tun geben«, sagt Derek Scrimgeour und lacht. Die Problematik mit dem Arbeitstrieb sieht er ebenfalls. »Seine Arbeit sollte nicht gleich ein Haufen Schafe sein wie bei Mike Field. Aber sollte ein Border nichts zu tun kriegen, sucht er sich seine eigene Beschäftigung – und das ist nicht immer das, was wir Menschen möchten!«

Eine kleine Tiermenagerie samt Pfau sorgt für buntes Leben auf dem Bauernhof der Border Collies.

Stillleben mit Wächter: Noch auf dem Poster scheint der Border seine Umgebung im Auge zu behalten.

Für einen gut ausgebildeten Border Collie wie Jock muss man etwa 3000 bis 4000 Euro bezahlen.

Genug trainiert: Border-Fan Mike Field nimmt den zweijährigen Spickey auf dem Quad mit nach Haus.

DER STOLZ DES

Wo ein Hund ist,
kommen keine Engel,
lehrt der Koran.
Und dennoch träu-
men viele Afghanen
von einem KOOCHI.
So ein Nomadenhund
wird ihr Leben reicher
machen. Und sie
glauben daran, dass
er ihnen Glück bringt.

HINDUKUSCH

Vorige Seiten: Afghanistan zählt zu den ärmsten Ländern der Welt. Wer einen Koochi besitzt, genießt hohes Ansehen. Für feste Schuhe fehlt den Familien das Geld, aber ihre Fleischration geben sie gern dem Hund.

Obe... ...in der ersten Reihe stehen. Die Tiere sollen zusehen, um
kän... ...chon jede Trainingskeilerei könnte sie sehr verletzen.

Was hast du da nur für einen klapprigen Schwächling! Und der soll Twor besiegen?« Der bärtige alte Mann lacht, zeigt auf den von zwei Männern an einer Kette geführten Hund seines Gegners und ruft den Zuschauern zu: »Leute, seht euch Twor an! Er ist viel größer als die anderen und er hat jeden Kampf gewonnen!« Charman-e-Babrak, ein Vorort von Kabul, acht Uhr früh. Auf dem Hochplateau nördlich der Stadt haben sich etwa sechshundert Männer versammelt, minütlich werden es mehr. In kleinen Gruppen kommen sie den Pfad hinauf, vollbesetzte Geländewagen drängen sich ungeduldig hupend durch die Massen. Ein paar Kinder preisen kleine, selbst gebackene Kuchen und warme Bohnen an. Es ist Freitag, der Feiertag des Islam. Um zwölf Uhr werden die Muezzins mit dem Adhan, dem Gebetsruf, in die Moschee rufen, bis dahin aber haben die Männer frei.

»Und dann kommen wir hier herauf, um zusammen zu sein, zu reden, zu lachen, zu rauchen und um die Hunde kämpfen zu sehen«, sagt einer. »Ihr liebt den Boxkampf, wir die großen Hunde.« Als eine Gruppe junger Männer einen riesigen, etwa siebzig Kilogramm schweren Koochi vorbeiführt, wendet er sich aufgeregt ab, um hastig mit den anderen Männern ein paar Worte zu wechseln. Einige greifen in ihre Taschen, Geldscheine werden gezählt. Darf gewettet werden? Ein spitzbübischer Blick, eine in Falten gelegte Stirn: »Der Prophet ist kein Freund von Glücksspiel. Nein, es ist verboten. Aber schau dir an, wie kräftig dieser Kerl ist. Es wäre doch dumm, nicht ein paar Afghani auf ihn zu setzen.«

Die Männer sitzen in einem großen Kreis, ein Ringrichter schwingt einen Knüppel und sorgt dafür, dass sich kein Zuschauer zu weit vordrängt. Im Ring dürfen jetzt nur noch er, die beiden Hunde und ihre Besitzer sein. Einer der Hunde heißt Palang, das bedeutet Tiger, der andere Twor, das Schwert. Auf das Zeichen des Ringrichters werden die Hunde losgelassen. Die Zuschauermen-

ge rast, welcher Hund überlegen ist, welcher den Kürzeren zieht, es ändert sich im Sekundentakt. Es ist eine wilde Keilerei, aber kein Kampf bis aufs Blut. Keiner der Hunde verbeißt sich in den anderen, keiner versucht, dem anderen die Kehle zuzudrücken. Stattdessen rammen sie einander, zerren am Nackenfell und versuchen, sich gegenseitig herunterzudrücken.

Die Zuschauer gehen leidenschaftlich mit. Jubel brandet auf, als Palang Twor auf den Rücken wirft. Fast frenetisch wird es, als es Twor gelingt, den riesigen Mastiff abzuschütteln und sich seinerseits in dessen Nackenfell zu verbeißen. Viele der Männer können sich kaum zurückhalten. Kabbeleien entstehen, wo manche sich vordrängeln und anderen die Sicht versperren, Flüche werden ausgestoßen. Aufgeregt rennen die Besitzer ihren durch die provisorische Arena schiebenden Hunden hinterher. Denn den Kampf gewonnen hat nicht, wer seinen Gegner schwer verletzt oder gar totbeißt, verloren hat, wer Zeichen von Schwäche zeigt. Wird einer der Hunde verletzt, wird der Kampf abgebro-

Ein Hund muss nicht schön sein. Dass er für den Kampf bereit ist, erkennt man an den vorsorglich kupierten Ohren.

chen. Denn die meisten Männer hier sind arm. Einen im Kampf erfolgreichen Hund zu besitzen, bedeutet Ansehen, Geld für einen Tierarzt aber hat kaum jemand.

Nach etwa zehn Minuten ist der Kampf vorbei: Palang, der Tiger, weicht aus, Twor, das Schwert, wird zum Sieger erklärt. Stolz und überglücklich schleppen sein Besitzer und dessen Freunde den durch Adrenalin aufgepeitschten, am ganzen Körper zitternden Hund durch die Reihen der jubelnden Zuschauer hindurch zu einem ruhigen Platz. Dort schmücken sie ihn mit bunten Bändern, gehen in ihren Gesprächen noch einmal alle Phasen des Kampfes durch und bemalen das Fell des Tieres mit Henna. »Jeder hier«, sagt der Mann triumphierend, »soll sehen, dass ich einen Sieger habe!«

Die Afghanen lieben Hundekämpfe, und sie lieben, zumindest solange sie siegen, auch die in der Arena stehenden Hunde. Es sind Koochis, Herdenschutzhunde, die in ihrer Ursprungsverwendung die Kamelkarawanen der Nomaden begleiten. Für die Kynologen des Welthundezuchtverbandes FCI sind sie ein lokaler Schlag der Zen-tralasiaten, die Afghanen aber betrachten sie als eigene Rasse. Die Unterscheidung der Fédération Cynologique Internationale ergibt Sinn. Denn die Koochis, das Wort bedeutet übersetzt schlicht „Wanderhirten", sind zwar von Haus aus Afghanen, die Berge des Hindukusch aber sind ihnen im Winter zu kalt. So ziehen sie mit ihren Tieren jedes Jahr in das benachbarte Pakistan, durch-queren den Norden Indiens, streifen die Grenze Tibets und schlagen ihre Zelte schließlich in der chinesischen Region Xinjiang auf. Wird es im Frühling wärmer, be-laden sie ihre Kamele wieder mit Zelten aus Jute, mit Brennholz, Seilen und Kochgeschirr und wandern zu-rück nach Afghanistan. Dass ihre Hunde sich auf dem Weg nur untereinander paaren, darauf achten sie nicht. Warum auch? Einen Rassebegriff kennen sie nicht, Fell-farbe und Aussehen spielt für die Nomaden keine Rolle. Worauf es ihnen ankommt, ist Größe, Stärke, Mut und Beschützerinstinkt.

Kamelkarawanen sind langsam und schwer zu verteidi-gen. Die Idee, sie von Hunden begleiten zu lassen, ist daher alt. Und woher bekamen die Karawanenführer

Hundekämpfe in Afghanistan ähneln mehr einem Ringen als einer unkontrollierten Beißerei. Wenn es blutig wird, werden die Hunde getrennt. Das ist nötig, denn niemand kann das Geld für den Tierarzt aufbringen.

Oben: Kein Koochi wird wegen seiner Niedlichkeit geliebt. Der Unterhalt ist teuer, das Geld muss bei den Kämpfen wieder hereinkommen. Unten: Für den Kampf bereit: ein Welpe mit kupierten Ohren.

solche Hunde? Von den Züchtern der Wach- und Kriegshunde. Und die gibt es, seit die Menschen begonnen haben, Kriege zu führen. Als die Babylonier und Assyrer 1500 vor Christi Geburt feindliche Dörfer und Städte überfielen, führten sie kräftige Hunde mit sich, die sie „Löwenpacker" nannten. Die Tiere trugen Panzer aus dickem Leder, nicht selten waren an ihren Halsbändern Messer und Pechfackeln befestigt. Fußsoldaten hatten panische Angst vor ihnen, beim Einsatz gegen Reiter fügten sie den Pferden schreckliche Verletzungen zu.

Der griechische Geschichtsschreiber Herodot (484–425 v. Chr.) berichtet in seinen „Historien" von den Massageten, einem Volk von Reitern, die am Aralsee lebten und sich riesige Rudel von Kriegsdoggen hielten, die sie später auch züchteten. Diese als „indische Hunde" bezeichneten Tiere wurden nach Persien verkauft. Als Alexander der Große auf seinem Eroberungszug gegen die Perser nach Indien vordrang, bekam er vom König Sopeithes 150 dieser Molosser geschenkt. Um zu zeigen, wie wertvoll dieses Geschenk war, soll König Sopeithes einen besonders großen Löwen in die Kampfarena geschickt und vier der Hunde auf ihn gehetzt haben. Nachdem einer der Hunde sich so in das Raubtier verbissen hatte, dass er auch nicht losließ, nachdem Soldaten ihm alle vier Beine abgehackt hatten, soll Alexander so beeindruckt gewesen sein, dass er beschloss, die Hunde nach Europa zu bringen und sie zu züchten. Aus dieser Zucht stammt wahrscheinlich auch das Regiment der 2400 Kriegshunde, die der ägyptische Pharao Ptolemais auf einer Parade in Alexandria vorführen ließ.

Im Jahr 168 vor Christus vernichteten die Römer die Heere der Makedonier bei Pydna und requirierten die meisten der mitkämpfenden Molosser. Römische Bürger, die etwas auf sich hielten, ließen ihr Haus von einem Molosser bewachen. Die Tiere hießen Agriodus (Scharfzahn), Porthon (Wüterich) oder Thymos (Mut), bald gab es so viele, dass der römische Senat alle Hundebesitzer verpflichtete, ihr Grundstück mit einer Warntafel auszustatten: »*Cave canem!*«, Achtung vor dem Hund!

Beim Kampf ist Strategie wichtig. Wenn der Gegner zu stark gewählt wird, hat der Hund keine Chance, sein Besitzer verliert an Ansehen. Das möchte niemand riskieren. Die Aufzucht des Hundes hat schließlich ein kleines Vermögen gekostet.

Die Hunde der Afghanen tragen ähnliche Namen wie die Haushunde im antiken Rom. Sie rufen sie Tiger, Löwe, Dolch oder Schwert, und ihre Funktion ist dieselbe wie bei den Römern. Sie verleihen Ansehen. Aber der Preis, den die Hundebesitzer dafür zahlen, ist hoch. Afghanistan ist eines der ärmsten Länder der Welt, von den 178 von der Welthungerhilfe registrierten Ländern rangiert „das Herz Asiens" auf Platz 173. Mehr als achtzig Prozent der Frauen und über fünfzig Prozent der Männer können weder lesen noch schreiben, nur ein Viertel der Bevölkerung hat Zugang zu medizinischer Versorgung und sauberem Wasser. Die Kindersterblichkeit ist hoch, das Durchschnittsalter liegt bei 44 Jahren, das Durchschnittseinkommen bei 800 Dollar im Jahr. Viele Männer schaffen es kaum, ihre Familie zu ernähren. »Ich habe sechs Kinder, eine Frau und zwei Hunde«, sagt Abdul Shajahan. »Wenn wir Glück haben, essen alle Fleisch, in schlechten Zeiten bekommen es nur die Hunde.« Shajahan kommt aus Panshir. Er kann nicht lesen, nicht schreiben, findet keine Arbeit. Warum gibt er die Hunde nicht weg? »Weil sie wichtig sind«, sagt er: »Sie beschützen uns, vielleicht bringen sie uns irgendwann Glück.«

»Ein guter Kampf kann dein Leben verändern«, sagt ein Mann, der sich als David vorstellt. »Vor ein paar Jahren«, erzählt er, »gab es in dem Dorf Charasia einen Hund, der jahrelang von niemandem besiegt werden konnte.« Die Veranstalter suchten einen neuen Champion und kamen zu David. »Mein Hund war stark, aber jung und unerfahren. Ich lehnte zuerst ab, sie aber ließen nicht locker.« Dreißig Minuten dauerte der Kampf. Eine halbe Stunde, in der aus David, dem Parkplatzwächter, David, der gefeierte Besitzer eines neuen Champions, wurde. »Die Leute jubelten mir zu und fütterten den Hund mit Milch und Eiern.« Noch heute wird er auf den Kampf angesprochen. »Es war der beste Tag meines Lebens.«

SPUREN-SUCHE

In den Wäldern Papua-Neuguineas leben die seltensten Hunde der Welt: singende DINGOS. Im Zoo hat man sie erforscht, über ihr Leben im Dschungel aber weiß kaum jemand etwas. Dabei könnten sie die Antwort auf eine wichtige Frage sein: Wie wurde der Wolf zum Hund?

Vorige Seiten: Entdeckung am Kapa-Kapa-Trail: ein Dschungeldorf. Es bedeutet Menschen, Rast – und Dingos.
Oben: Viele Tiere wie dieser Falter sind noch nicht katalogisiert. Sie leben in Tälern, die kaum zugänglich sind.

Die Stämme der Menschen leben weit voneinander entfernt. Haben die Männer eine Wanderung in ein anderes Dorf geplant, kommen die Dingos mit. Wenn es durch Wasser geht, heulen sie und lassen sich tragen.

Ein stundenlanger Fußmarsch die Berge rauf und in tiefe Täler, kein Weg oder Pfad, durch undurchdringliches Blätterwerk. Ein lahmer Arm vom Schwingen der Machete, eine drückende schwüle Luft, die ständige Angst vor Schlangen – und dann der Sturz: einen steilen Abhang hinunter kopfüber in die grüne Hölle des Regenwaldes. Schmerzhaft gedehnte Kreuzbänder, ein paar Schrammen, eine Prellung an der Schulter, aber am Leben – und in der aus Baumrinden gebauten Hütte eines Eingeborenen ein paar Stunden später in Sicherheit.

»Ich lag auf einem aus Gräsern geflochtenen Lager, sah, wie zwei große Ratten am Fußende meiner neben mir schlafenden Expeditionsgefährten spielten, und wurde dabei von drei seltsam geschmückten, Furcht einflößenden Männern beobachtet, die gemeinsam an einem riesigen Joint sogen und von Zeit zu Zeit schaumigen, roten Betelsaft ausspuckten«, erinnert sich der amerikanische Autor James Campbell. »Und als ich darum bat, eines der kleinen Fenster öffnen zu dürfen, erklärten sie mir in einer Mischung aus Pidginenglisch und Motu, ihrer Sprache, dass das auf gar keinen Fall ginge. Draußen in den Bergen lebten Hexenmeister und Dämonen, die Flüche aussprechen und uns töten würden … Das war erst der Beginn unserer Expedition«, einer strapaziösen Reise zu den Dingos.

James Campbell kam im Mai 2007 nach Papua-Neuguinea, um einen bis dahin einmaligen Gewaltmarsch zu wiederholen. Im Oktober 1942 brachen 1200 untrainierte, von Krankheit und Erschöpfung gezeichnete Soldaten des 32. US-Infanterieregiments an der Küste Papua-Neuguineas auf, um den im Norden stationierten japanischen Verbänden in den Rücken zu fallen. Der einzige Weg war der rund 180 Kilometer lange Kapa-Kapa-Trail, der „Pfad der Geister", quer über die Insel. Für die Generäle im Stab war der Marsch rückblickend ein »genialer Schachzug«, für die Soldaten ein Alptraum. »Würde ich die Hölle und Neuguinea besitzen«, schrieb einer

in seinen Erinnerungen, »ich würde in der Hölle wohnen und die Insel an meine Feinde vermieten.« Was Campbell außerdem mitbrachte: Fotos der singenden Dingos, der wohl seltensten Hunde der Welt.

Neuguinea ist nach Grönland die zweitgrößte Insel der Welt und ein zu großen Teilen noch immer unerforschtes Gebiet. Von Ost nach West durchzieht ein gewaltiges, über 5000 Meter hohes Gebirgsmassiv die 786 000 Quadratkilometer große Insel. Über neunzig Prozent der Fläche besteht aus dichtem tropischen Wald. Rund siebenhundert Völker leben hier, die meisten sprechen eigene Sprachen, beharren auf den Jahrtausende alten Traditionen und Ritualen ihrer Stämme. Die Natur bestimmt den Alltag, der Glaube an Hexen, Dämonen und böse Geister ist allgegenwärtig. Es ist eine steinzeitliche Welt mit vielen Unbekannten. Eine davon sind die singenden Hunde. Sie leben im Regenwald und stoßen, statt zu bellen, hohe Triller und einen Singsang aus, der an Vogelgezwitscher erinnert.

Wie viele es gibt, ist vollkommen unbekannt, und auch über ihr Leben weiß man so gut wie nichts. Der Grund: Alle hundekundlichen Expeditionen, die seit der Entdeckung der Hunde unternommen wurden, scheiterten. Einige Wissenschaftler gelangten gar nicht erst ins Hochland, andere schlugen sich durch den Dschungel, fanden aber keine Hunde. Einzig einer vom Berliner Völkerkundemuseum zusammengestellten Expedition gelang es 1976, fünf Tiere dieser Rasse zu fangen.

Zoologisch gesehen bieten die Neuguinea-Dingos deshalb keine Geheimnisse. Die ersten zwei kamen 1957 in den Zoo von Sydney. Der damalige Direktor Sir Edward Hallstrom hielt die Tiere für eine eigene Spezies und gab ihnen den Namen „Canis Hallstromi". Sie wurden vermessen, seziert, in Gefangenschaft beobachtet, vermehrt und an Zoos in der ganzen Welt weitergereicht – als Dingos. Ob Dingos Haushunde sind, die vor mehreren tausend Jahren wieder verwilderten, oder Wildhunde, die

Scheu vor Tieren ist den Männern, die die Expedition begleiten, fremd: Ein Schwein gibt das Schoßtier.

Kein Wildtier ist so anhänglich wie der Neuguinea-Dingo. Sie werden nicht geherzt, aber geduldet.

Der Kapa-Kapa-Trail ist kein Wanderweg, kein Pfad. Eher eine Richtung: 180 Kilometer durch Dickicht.

Tierzähne sind für die versteckt lebenden Menschen des Dschungels Talismane und Tauschmittel.

Die Bäume schließen ihr Geäst über den Köpfen der Wanderer zu einem Dach aus lauter Lanzen. Die Vegetation ändert sich ständig, mal ist kein Lichtstrahl zu sehen, nur ganz selten lichtet sich der tropische Wald.

Die Dingos wohnen unbeachtet am Rand der Dörfer. Niemand gibt ihnen Namen oder ordnet sie fest den Familien zu, keiner füttert sie. Folgen sie den Männern auf die Jagd, erhalten sie einen Teil der Beute.

sich besonders leicht zähmen lassen, darüber streitet sich die Wissenschaft. Tatsache ist: Niemand weiß, woher sie kommen oder wer sie nach Australien und Neuguinea gebracht hat. Funde von Dingoknochen aus Thailand und Nordvietnam sind rund 5500 Jahre alt und damit etwa 1500 Jahre älter als Knochenreste, die in Australien gefunden wurden. Die Vermutung liegt nahe, dass asiatische Seeleute die Tiere mitbrachten. Wahrscheinlich wurden sie auf den Schiffen als Proviant gehalten.

Die Neuguinea-Dingos sind kleiner im Wuchs als ihre australischen Vettern und auch wegen ihres Gesangs etwas Besonderes. »Weil sie in ihrem Verhalten Haushunden ähnlich sind, haben wir einige von ihnen an Privatleute abgegeben«, erzählt Klaus Rudloff, Kurator im Tierpark Berlin-Friedrichsfelde. Ein Experiment mit schnellem Ende: »Die Nachbarn konnten das Geheule

bald nicht mehr ertragen.« Doch selbst wenn die Hunde ruhig geblieben wären, hätte das Experiment nicht geklappt: Neuguinea-Dingos können im Zoo, Häusern und Wohnungen zwar überleben, ihr Zuhause aber ist der Regenwald: »Sie haben einen ausgeprägten Jagdtrieb, sind geschickte Kletterer und graben sich unter fast jedem Zaun hindurch«, berichtet die amerikanische Verhaltensforscherin Janice Koler-Matznick. Neuguinea-Dingos wie einen Hund zu halten, sei möglich, aber mit Aufwand verbunden. »Vor allem aber ist es gegen ihre Natur«, sagt die Biologin. »Glücklich werden sie nicht.«

Was die singenden Hunde für Verhaltensforscher und Ethnologen so interessant macht, ist ihr Leben auf der Insel Neuguinea. Es ist eine Welt wie vor vielen tausend Jahren. Im unwirtlichen Dschungel leben viele Menschen in Stämmen. Oft voneinander und vom Rest der

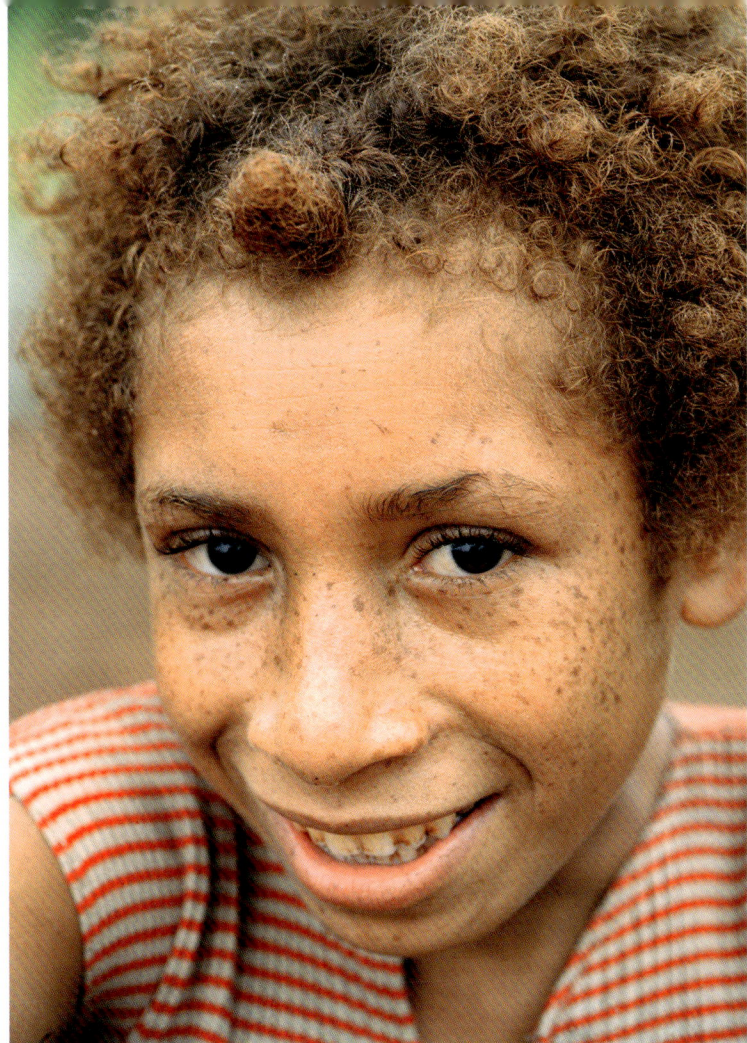

Die Kinder lernen schnell, welchen Status die Hunde in ihrer Welt haben. Ihnen ist das Interesse, das die Hunde-Forscher für die Felltiere aufbringen, fremd – für sie ist das Zusammenleben mit Hunden normal.

Welt noch völlig abgeschottet, haben sie ihre seit vielen Jahrtausenden bestehenden Traditionen erhalten. Die singenden Hunde leben seit eh und je bei ihnen, aber nicht mit ihnen. Als sogenannte Pariahunde – das Wort wird im Sinn von Ausgestoßener oder Außenseiter verwendet – leben die Dingos wild an den Rändern der Dörfer. Nur zum Fressen kommen sie herein. Die Menschen rufen sie nicht mit Namen, sie werden keinen Häusern zugerechnet, kümmern niemanden und werden schon gar nicht gefüttert. Was die Dingos zum Leben brauchen, müssen sie aus dem Abfall der Dörfer fischen. Oder sie fangen sich eine Ratte oder eine Maus.

Aufgaben haben sie dennoch: Den nackt herumlaufenden Kindern lecken sie den Po sauber, als Aasfresser beseitigen sie Abfälle. Gehen die Männer auf die Jagd, sind die Hunde dabei, wurde etwas erlegt, bekommen sie ihren Anteil. Haben sich die Jäger verlaufen, binden sie die Hunde an Seile und lassen sich nach Hause führen. Die Knochen der Hunde sind Schmuck, die Reißzähne werden unter einigen Stämmen noch als Zahlungsmittel benutzt. Der Wert einer Frau oder eines jungen Mannes entspricht etwa hundert Hundezähnen. Das Seltsame ist, dass sich trotz ihres offenbar hohen Werts niemand für sie interessiert. Die Dingos selbst suchen die Nähe der Menschen. Ausgiebig lecken sie ihnen das Gesicht ab, genießen Streicheleinheiten in jeder Form, lassen sich auf den Arm nehmen und schlafen dort sogar ein. Als Wachhunde sind sie gut zu gebrauchen, als Schutzhunde sind sie aber allesamt Versager. »Das liegt daran, dass Dingos niemals einen Menschen beißen würden«, erklärt Janice Koler-Matznick. Nicht weil sie sich nicht zu wehren wüssten, sondern weil der Angriff auf einen Menschen das Verhältnis zu dessen Stamm erschweren

würde. Denn ohne den Menschen würden Neuguinea-Dingos nicht leben. Und genau dieses Verhalten ist interessant, weil es eine noch immer offene Frage über die Entstehung der Haushunde beantworten könnte: Welche Spezies steht zwischen Wolf und Hund?

Genetisch sind Wölfe und Hunde bis auf winzige Abweichungen, höchstens 0,2 Prozent, identisch. Als gesichert gilt daher: Der Urvater aller Hunde war ein Wolf. Doch in der Entwicklungskette fehlt etwas. »Wölfe lassen sich nämlich nicht domestizieren«, sagt der amerikanische Verhaltensforscher Raymond Coppinger. So könnten Wölfe zwar lernen, den Menschen nicht zu fürchten, sich ihm freiwillig anschließen werden sie niemals. Wölfe nehmen vom Menschen keine Befehle entgegen, hören nicht auf Kommandos und können nicht trainiert werden – weshalb es zum Beispiel auch keine Zirkusnummern mit Wölfen gibt. Wölfe werden – selbst wenn sie in Gefangenschaft geboren werden und aufwachsen – immer versuchen zu entkommen. Und selbst wenn es einen dem Menschen dauerhaft zugeneigten Wolf geben sollte, würde er diese Eigenschaft nicht vererben.

Wie also wurde aus dem Wolf ein Hund? Wenn es heute nicht gelingt, Wölfe zu domestizieren, also auf Dauer an die Lebensweise mit dem Menschen zu binden und ihn genetisch von seiner Wildform zu isolieren, wieso sollte dies den Steinzeitmenschen gelungen sein? Oder waren das vielleicht gar keine Wölfe, die die damaligen Menschen auf die Jagd begleitet haben? Coppingers These lautet: Es gab einen „Übergangshund", ein Tier, das die Eigenschaften des Wolfs verloren, dafür aber andere für die Domestizierung wichtige Fähigkeiten gewonnen hatte. Genetisch wäre dies möglich. So versuchte der russische Genetiker Dmitri Beljajew 1958 in Nowosibirsk, zahme Silberfüchse zu züchten. Tiere, die ihm lieb erschienen, wurden verpaart, die wilden wurden von der Zucht ausgeschlossen. Das Ergebnis nach rund zwanzig Generationen waren natürlich zahme Silberfüchse, die aussahen wie Hunde. Sie hatten Schlappohren und ein geschecktes Fell. Außerdem bellten sie.

Sind die singenden Hunde von Neuguinea dann diese Übergangshunde? Gut möglich. Anatomisch sind sie Wildtiere, ihr Verhalten aber gleicht dem der Haushunde. Sie sind in ihrem Lebensreservat isoliert, haben sich nie mit anderen Hunden gekreuzt und sind noch immer die Sorte Tier, das schon in der Steinzeit lebte.

Nach sechzehn Tagen im Dschungel hatte die Expedition von James Campbell den Kapa-Kapa-Trail geschafft. Einige waren an Malaria erkrankt, vom Fieber geschüttelt und völlig entkräftet. So erreichten sie Buna. Aber sie haben das Hochland Papua-Neuguineas durchquert und dabei auch die Hunde fotografiert. Es ist jetzt nur noch eine Frage der Zeit, bis auch Zoologen aufbrechen, um in den letzten noch unerforschten Wäldern der Welt eine der wichtigsten Fragen der Haustierforschung zu klären: Wie wurde aus dem Wolf ein Hund? 🐕

Links: Ein Mann im Festschmuck. Übersinnliches gehört zum Leben. Brechen Krankheiten aus, werden Hexen angeklagt und Götter beschworen. Unten: Jagd- und Sammlerglück werden gefeiert, ebenso das Auftauchen der Dschungelexpedition und die Männer, die nach den Hunden fragen. »Eine steinzeitliche Welt«, sagt einer von ihnen.

DIE
DES

Kaum ein anderer Hund ist so beweglich wie der LUNDEHUND auf den Lofoten, den Inseln vor der norwegischen Küste. Er ist ein Spezialist bei der Jagd, hat sechs Zehen, kann klettern wie eine Gämse und wäre trotzdem beinahe ausgestorben.

AKROBATEN
NORDENS

Værøy, eine der südlichen Inseln der Lofoten, im Mai 1590: Es ist fast Mitternacht, als Ragni Holla gemeinsam mit ihrem ältesten Sohn Peer zum Zwinger geht, um ihre zwölf Hunde zu holen. Ihr Mann Geir bleibt heute zu Hause. Die letzten zwei Wochen war er noch mit hinausgegangen, doch die nächtliche Jagd und die Arbeit haben ihre Spuren hinterlassen. Geir ist wie fast alle Männer auf den Lofoten Fischer. Ein gefährlicher und anstrengender Beruf. Die See ist hier, knapp 150 Seemeilen vom Polarkreis entfernt, rau, das Wasser eisig. Nie weiß Ragni, ob ihr Mann abends wieder nach Hause kommt. Aber einen anderen Beruf gibt es nicht. Das Klima ist hart, der Boden karg. Landwirtschaft ist mühsam, die Ernten sind dürftig.

Die Lofotinger leben deshalb vom Fischfang – und von den *Lundefugl*, den Papageientauchern. In riesigen Schwärmen fallen die etwa dreißig Zentimeter großen Vögel, die das Jahr über auf dem offenen Meer leben, Anfang Mai auf den Inseln ein. Im Juni beginnt ihre Brutzeit, bis dahin bauen sie ihre Nester: winzige, durch meterlange, nur etwa fünfzehn Zentimeter breite Tunnel miteinander verbundene Höhlen unter der Grasnarbe, weit oben in den steilen Granitfelsen der Küste. Dort ist ihr Gelege sicher vor den Menschen, unerreichbar für die meisten Raubtiere. Und doch werden jedes Jahr Abertausende Papageientaucher gefangen. Die Lofotinger haben die Lundehunde.

Im Widerschein der Mitternachtssonne sehen Ragni und Peer, wie sich die fuchsgroßen Tiere die Felsen hinaufarbeiten und in die engen, von den Vögeln gegrabenen Tunnel zwängen. Haben sie einen Vogel gepackt, kriechen sie wieder hinaus, kraxeln den Felsen hinunter und legen ihre verletzte, aber noch lebende Beute vor Ragni und ihrem Sohn auf den Boden. Kaum haben sie ihre Beute abgeliefert, klettern sie von Neuem die Klippen hinauf, um weitere Höhlen aufzuspüren. Rund achtzig Vögel fängt jeder Hund pro Nacht, besonders gute Jäger bringen es auf weit über hundert. Bei zwölf und mehr Hun-

Links: Ihre Vorderbeine können Lundehunde weit abspreizen und so sicher klettern. **Oben:** Die Ohren werden mithilfe von fünfzehn Muskeln abgedichtet.

den sind das pro Nacht über tausend Vögel. Ihnen mit geübtem Griff das Genick zu brechen, sie auszunehmen und tags darauf zu rupfen, strengt mächtig an – die Jagd auf die *Lundefugl* ist Arbeit wie im Akkord.

Die Papageientaucher sind die zweite große Einnahmequelle der Inselbewohner. Zwar ist ihr Fleisch zäh und schmeckt tranig, im sonst von Fisch beherrschten Speiseplan aber sind sie eine willkommene Abwechslung. In großen Fässern eingesalzen, können sie eine Familie auch bei schlechtem Fang und langen Wintern das Überleben sichern. Außerdem sind ihre Daunen wertvoll und ein begehrtes Handelsgut. Zwischen zwölf und zwanzig Lundehunde besitzt jeder Jäger. Ragnis Familie hat zwölf. Von den gerade geborenen zwei Welpen hat sie einen ihrem Nachbarn geschenkt. Denn um Streit zu vermeiden, gilt auf der Insel: Jeder darf nur so viele Hunde besitzen wie sein Nachbar.

Die Lundehunde sind die Akrobaten der Hundewelt. Keiner kann so geschickt klettern, keiner ist beweglicher und keiner körperlich so hoch spezialisiert. Niemand

Sand, Felsen und ein wenig Gras: Ackerbau ist auf den Lofoten unmöglich. Vom Jagderfolg der Lundehunde, die den Papageientauchern zu ihren Gelegen nachstiegen, hing oft das Überleben ganzer Familien ab.

Links: Die Papageientaucher, auf den Lofoten Lunde genannt, sind nach Fischfang die zweitwichtigste Einnahmequelle der Lofotinger. Unten: Mit ihrer sechsten Kralle können Lundehunde hohe Felsen erklimmen und in die engen Tunnel der Vögel kriechen. Rechts: Eine biegsame Wirbelsäule und ihre Läufe, die sie extrem abspreizen können, machen die Lundehunde zu Ausnahmekletterern.

weiß, woher sie kommen, aber es ist, als hätte sie jemand für die Jagd in den Felsen gemacht: Neben dem Islandhund hat der Lundehund als einziger der Welt an jeder Pfote sechs Zehen. Seine Schultergelenke sind so locker, dass er die Vorderbeine im 90-Grad-Winkel von sich strecken kann. Wirbelsäule und Nackengelenke sind so beweglich, dass er den Kopf bis auf den Rücken zurückbiegen und um fast 180 Grad drehen kann. So gelenkig ist, mit Ausnahme des Rentiers, kein anderes Säugetier.

Rutscht der Hund auf glitschig-glatten Felsen aus, klammert er sich sozusagen mit ausgebreiteten Armen zwischen zwei Felsen fest, wobei seine an den Innenseiten der Pfoten sitzenden zusätzlichen Zehen wie Stopper wirken. Findet er eine Höhle, zwängt er sich kopfüber hinein und windet sich wie eine Schlange auch um scharfe Ecken. In nur wenige Zentimeter hohen Passagen „klappt" er die Beine einfach zur Seite und drückt sich flach auf den Boden. Seine aufrechten Ohrmuscheln kann er dabei nach hinten legen und die Knorpel so zusammendrücken, dass die Gehörgänge vor Sand, Staub und Wasser geschützt sind.

Wer so überaus perfekt an eine Aufgabe angepasst ist, glauben die alten Lofotinger, kann kein „Zufallsprodukt" der Natur, der muss ein Werkzeug der Götter sein. „Lundys" stehen daher hoch im Kurs. Ein guter Hund ist so wertvoll wie eine Milchkuh, Kinder bekommen früh einen Welpen geschenkt. Als Freund und Begleiter und weil er ihnen die Möglichkeit gibt, sich ihr Taschengeld zu verdienen. Um die Ausbildung der jungen Hunde brauchen sie sich nicht zu kümmern. Die Welpen laufen im Rudel mit, die Jungen lernen von den Alten.

Doch um 1850 herum werden die Spezialisten arbeitslos. Statt mit Hunden werden die Papageientaucher jetzt mit Netzen gejagt. 1899 wird die Jagd mit dem Hund in Norwegen sogar gesetzlich verboten. Um das Gesetz durchzusetzen, wird auf den Besitz der Tiere eine Steuer erhoben. Die Folge: Viele der verbliebenen Lundys werden ausgesetzt, streunen herum, entwickeln sich zur Plage, werden gefangen und getötet.

Die Zeit der Lundehunde scheint vorbei. Immer seltener sieht man sie, immer weniger wird über sie gesprochen, irgendwann sind sie vergessen. Bis der norwegische Hundeliebhaber Sigurd Skaun 1924 einige Reiseberichte aus dem 16. Jahrhundert in die Hand bekommt. Auf den Inseln Værøy und Lovlunden, steht dort, soll es Hunde geben, die wie Gämsen in den Felsen klettern und andernorts vollkommen unbekannt sind. Skaun beschließt, der Sache nachzugehen. Gibt es die Hunde womöglich noch? Er schreibt an die Bürgermeister der Inseln, doch in den Rathäusern hat keiner je von den „Vogelhunden" gehört. Aber Skauns Anfrage wird ausgehängt – und tatsächlich findet sich jemand, der jemanden kennt. Ein alter Postbote kennt nicht nur die Hunde, er besitzt sogar Fotos. Dank ihrer erklärt sich eine Zeitung bereit, einen Artikel von Skaun zu drucken: »Der Lundehund – eine vergessene norwegische Vogelhunderasse«.

Mit dem Artikel erreicht Skaun zunächst nichts. Die norwegischen Zuchtverbände und Clubs bezeichnen ihn als Wichtigtuer. Von wegen „kynologische Sensation". Ein gewöhnlicher Buhund, ein Bauernhund, sei auf den Fotos zu sehen. Und ein ziemlich mickriger obendrein. Erst Jahre später stößt sein Artikel auf Interesse: 1937 fällt der Setter-Züchterin Eleanor Christie beim Aufräumen ihres Dachbodens die alte Zeitungsausgabe mit Skauns Bericht in die Hände. Anstatt sie wegzuwerfen, liest sie sich fest und ist fasziniert: Sollte es tatsächlich noch so etwas wie einen norwegischen Urhund geben? Kaum zu glauben, am Rand der europäischen Zivilisation ein solches wildes Haustier zu finden. Christie beginnt, Nachforschungen anzustellen, und

kommt – nach fast zwei Jahren – mit Monrad Mikalsen in Mastad in Kontakt. Mikalsen ist Bauer und Vogelfänger, Mastad einer der abgelegensten Winkel auf Værøy. Wer ihn besuchen will, muss mit dem Boot fahren und dann zwei Stunden zu Fuß gehen. In eine Einöde, in der Bräuche lange leben und in die sich – wortwörtlich – kein Hund je verirrte. Bei den Mikalsens und auf den umliegenden Höfen wird deshalb seit Jahrhunderten nur eine Hundeart gehalten: der Lundehund.

Eleanor Christie und Monrad Mikalsen gelten als Retter der Rasse. Er besorgt ihr vier Welpen, sie beginnt eine Zucht und wird beim Kennel Club vorstellig. Sie schreibt

Unten: Die Maske des Lundehunds zeigt hohe Wachsamkeit – aber mit der wechselnden Fellfarbe von Weiß bis Rostbraun auch ein zauberhaftes, liebenswertes Gesicht. Rechts: Keine Angst vor hohen Klippen: Vor abschüssigen Ufern hat der Lundehund kaum Respekt – er weiß, wie hund sich festhält.

Briefe, macht Eingaben, zeigt ihre Würfe. 1943 schließlich wird der Lundehund als Rasse anerkannt. Gerettet ist er damit aber noch nicht: Mehrfach bricht sowohl auf Værøy als auch auf dem Festland die Staupe aus. Abwechselnd verlieren Mikalsen und Eleanor Christie alle Hunde und können ihre Zuchten nur dank des jeweils anderen wieder aufbauen. 1963 existieren in Norwegen nur noch zehn reinrassige Lundehunde.

Doch das Interesse wächst. Besonders ein auf Værøy aufgenommener Fernsehfilm, in dem ein zweijähriger Lundehund – mit Ausnahmegenehmigung der Behörden – bei der Arbeit in den Felsen zu sehen ist, sorgt für Aufsehen. Plötzlich interessieren sich Kynologen aus aller Welt für „Norwegens älteste Hunde". Heute gibt es nach Schätzung des Norsk Lundehund Klubb weltweit wieder 2000 Lundehunde, rund 50 davon in Deutschland. Ihre Besitzer sind meist Norwegen-Fans, die für ihre Hunde ein paar Unbequemlichkeiten in Kauf nehmen. Denn es gibt etwas, das die Haltung eines Lundehundes hierzulande kompliziert macht: das Futter. Lundehunde haben sich über Jahrhunderte von Fischen und Vögeln ernährt. Die Folge: Die meisten von ihnen können keine Säugetierfette verarbeiten und an dem Gendefekt, dem „Lundehund-Syndrom", sogar sterben. Wer das jedoch in Kauf nimmt, bekommt einen freundlichen, verspielten Begleithund. »Sie sind sehr mitteilungsbedürftig, wenn Fremde sich dem Haus nähern«, sagt die Züchterin Ronja Hamann aus Felm bei Kiel. Ihr Jagdtrieb aber halte sich in Grenzen: »Hinter Vögeln laufen sie her, aber alles, was größer ist als sie, interessiert sie kaum.« Kurz: Nichts deutet im Alltag darauf hin, dass sie zu den spezialisiertesten Jägern der Hundewelt gehören. Doch so rätselhaft wie ihr Ursprung und ihre für die Jagd in den Felsen so perfekte Anatomie, so unerklärlich ist das Verhalten der Lundehunde sogar für Experten. Denn selbst Hunde, die vorher nie an der See waren oder einen Papageientaucher gesehen haben, erklärt ein norwegischer Züchter, »steigen so selbstverständlich in die Felsen, als hätte eine höhere Macht sie dafür bestimmt, sobald sie in ihre ursprüngliche Heimat kommen.«

DER FREUND DES PROPHETEN

Ein edles Pferd, ein guter Falke und ein schneller SLOUGHI sind der wertvollste Besitz eines Beduinen. Denn die Windhunde Nordafrikas sind mehr als einfache Jagdgefährten. »Ein Sloughi«, sagen die Marokkaner, »ist ein Geschenk Allahs!«

E r ist wie ein Pfeil. Ein Blitz, der das Wild packt wie ein Adler und dann ruhig auf seinen Herrn wartet, damit der es tötet, wie der Prophet es befiehlt.« Als der arabische Dichter Abu Nuwas (757–815) im Mittelalter diese kurze Szene einer Windhundjagd beschrieb, war er Gast eines Beduinenstamms. Das Gastrecht war den Nomaden heilig. Wer auch immer die Zeltschnur eines Beduinen berührte, bekam Unterkunft für mindestens drei Tage. Gäste wurden geehrt: Sie aßen mit den Stammesfürsten, genossen ihren Schutz und ihr Wohlwollen. Die Verantwortung für einen Gast endete für die Beduinen erst im nächsten Zelt, egal wie weit dies entfernt lag. Dem Dichter also ging es gut. Und doch: Die höchste Gunst des Stammes galt jemand anderem, dem von ihm beschriebenen Windhund: »Im Zelt seines Herrn schläft er an dessen Seite, wird nachts mit einer Decke gewärmt, mit Halsbändern und Glücksbringern geschmückt«, schrieb der französische General und Afrikareisende Eugène Daumas Mitte des vorletzten Jahrhunderts über die Windhunde Nordafrikas. »Er bekommt vom besten Essen, wird, wenn erforderlich, als Welpe von der Brust der Frau genährt. Und stirbt einer, dann weinen die Frauen und Kinder, als hätten sie ein treues Glied der Familie verloren.«

Drei Dinge machten einen Beduinen zu einem reichen Mann: ein guter Falke, ein edles Pferd und ein schneller Hund. Das Tier vor sich im Sattel sitzend, den Falken auf der Faust, ritten die Männer in die Wüste. Mit spitzen Trillern schickten sie die Vögel in die Luft, wo sie am Himmel kreisend Ausschau nach jagdbarem Wild hielten: Gazellen, Hasen, Wildesel, Fenneks. Entdeckten sie etwas, stürzten sich die Falken in rasender Geschwindigkeit auf das Opfer – das Zeichen für die Reiter, die Hunde loszuschicken. Mit bis zu 55 Stundenkilometern schossen die Jagdhunde durch den Sand, während der Falke versuchte, das Wild durch Angriffe auf den Kopf zu bremsen. Fiel der Falke aus, jagte der Hund allein weiter, wenn nötig über Stunden. Denn kein Wüstentier war schneller und ausdauernder als der kurzhaarige, etwa siebzig Zentimeter hohe Hund der nordafrikanischen Beduinen, der Sloughi.

Vorige Seiten: Die Spur der Sloughis (arabisch für „Windhund") lässt sich bis ins alte Ägypten zurückverfolgen. Die älteste bisher entdeckte Sloughi-Mumie wurde im Grab des Pharaos Amenophis II. (1428–1397 v. Chr.) gefunden. Links: Grazien unter der Sonne: schlanker Kopf, langer Hals, ausgeprägter Brustkorb und kräftige, lange Beine, das sind echte Sloughis. Rechts: Ein herrschaftliches Anwesen ist die Umgebung, die zu einem Sloughi passt.

Vorige Seiten: Die majestätische Lage mit Feldherrenblick über Landschaft und Meer entspricht dem Rang, den ein Sloughi bei den muslimischen Beduinen Nordafrikas genießt. Er gilt als „el hor", rein und edel, alle anderen Hunde sind dagegen unrein. Oben: Der schmale, für Windhunde typische Kopf und die von dunklen Haaren umflorten Mandelaugen sind es, was Züchter und Fans am Sloughi so mögen. Rechts: Selbst Tätscheleien nimmt ein Sloughi elegant, mit vorgestrecktem Kopf und geschlossenen Augen, entgegen.

Hunde haben es in islamischen Ländern nicht leicht. Die meisten sind „chins", unreine Straßenköter. Berührt ein Gläubiger einen Hund, muss er sich die Hände waschen. Sloughis hingegen sind „el hor", rein und edel. »Der Windhund ist ein Geschenk Allahs!«, sagen die Beduinen. Besitz ist Reichtum, Berührung Ehre.

Das hohe Ansehen hat Gründe. Erstens: Die Wüste ist ein menschenfeindlicher Ort. Tagsüber brennt die Sonne bis zu 60 Grad heiß, nachts fällt das Thermometer nicht selten nahe null. Es gibt zwar Wild, aber die Jagd ist schwer. Fallen stellen kann man nicht, sich auf Schussweite unbemerkt an ein Wild heranzupirschen, ist aussichtslos. Der Jagderfolg der Sloughis war für die Beduinen deshalb oft die einzige Möglichkeit, an Fleisch zu kommen – und dafür dankte man ihnen. Der zweite Grund heißt Kitmir: ein im Koran beschriebener Hund, der 309 Jahre lang das bei Ephesos liegende Höhlenversteck von sieben Märtyrern bewacht haben soll. Dafür erhielt Kitmir vom Propheten Einlass ins Paradies. Die „sieben Schläfer" gelten als Zeugen der Auferstehung. Sie sind noch heute Bestandteil jedes muslimischen Freitagsgebets. »Und weil man durch Knochenfunde aus der Zeit weiß, dass es damals in der Gegend keine andere Hunderasse gab, gilt der Sloughi als Hund Mohammeds«, erklärt der deutsche Züchter Eckhard Schritt.

Der Blick, der einen Beduinen stolz machte, auf zwei seiner Schätze: sein Pferd und seine Hunde.

Eine Sloughi-Hündin mit ihrem Welpen. Früher half bei Bedarf die Brust einer menschlichen Amme.

Ein Sloughi gilt den Beduinen als Geschenk Allahs. Mit einem Welpen ehren sie ihre Gäste und Kinder. Die kleinen Windhunde haben einen gedrungenen Kopf und zeigen noch nicht die Eleganz des Erwachsenen.

Seit über dreißig Jahren züchtet er „Kitmirs Erben", lebt heute mit vierzehn von ihnen in der Nähe von Frankfurt. »Als ich zum ersten Mal einen Sloughi sah, haben mich seine Eleganz und sein vornehmes Wesen fasziniert«, erzählt er. Die Bedeutung des Hundes in Nordafrika aber sei ihm erst durch einen Besuch in Marokko bewusst geworden: »Wir wussten, dass Sloughis etwas Besonderes sind, aber auf das, was wir dann erlebt haben, waren wir nicht vorbereitet.« Eine Einladung in den Palast der Prinzessin, überschwängliche Gastfreundschaft, wo immer sie hinkamen, bewundernde Blicke und interessierte Fragen. »Und alles nur wegen der Hunde.« Emotionaler Gipfel der Reise: »Mit den angeleinten Hunden durchquerten wir ein Dorf, als plötzlich ein alter Mann aus einem Haus stürmte, auf die Knie fiel und mit Tränen in den Augen Allah dafür dankte, dass er in seinem Leben noch einen Hund wie Kitmir sehen dürfe.«

Der Sloughi ist der Hund der Beduinen. Diese betrachten sich selbst als die „wahren" Araber und nennen sich *Mzeina*. Stammeszugehörigkeit, Freiheit und Religion sind wichtig, Geld und Besitz haben weniger Gewicht. Denn »*Allahu akbar*«, Gott ist größer, größer als alles vom Menschen Geschaffene. Wer einen Hund Mohammeds kaufen möchte, muss deshalb, zumindest in Nordafrika, lange suchen. »Sloughis sind keine Handelsware«, sagt Schritt. Er spricht aus Erfahrung: »In einer Oase habe ich vor Jahren eine wunderschöne Hündin gesehen, die ich haben wollte.« Doch die Besitzer schüttelten den Kopf. Er erhöhte sein Gebot, feilschte, doch man ging nicht darauf ein. »Am Ende waren wir bei 5000 Euro. Das ist ein Geld, von dem die bescheidenen Oasenbewohner Jahre hätten leben können«, sagt Schritt. Er bekam die Hündin nicht. »Stattdessen schlug man mir vor, in zwei Jahren wiederzukommen. Dann hätte die Hündin Welpen und man würde mir einen schenken.«

Niemand weiß genau, wie alt die Rasse ist. Ihre Geschichte lässt sich über Jahrtausende bis zu den Pharaonen zurückverfolgen. Doch die Zeiten haben sich geändert und damit auch Umfeld und Leben der Hunde. Die meisten Beduinen sind sesshaft geworden, auch bei ihnen kommt das Fleisch aus dem Supermarkt. Die Hatz in der Wüste wurde vor Jahren verboten. Sie ist zwar regional seit Kurzem wieder erlaubt, im Grunde aber nur als Hobby weniger Privilegierter. Auch die Bedeutung des Sloughis als „Hund des Propheten" nimmt ab. „Höher, schneller, weiter" gilt heute auch für viele Jäger: Um die Hunde schneller zu machen, kreuzen sie die Sloughis mit spanischen Galgos und zerstören dadurch jahrtausendealte Blutlinien. Laut Schätzung eines Zuchtvereins gibt es heute in Marokko nur noch rund fünfhundert reinrassige Sloughis, drei davon gehören dem König.

Der enge Kontakt zu den Menschen hat die schnellen Sloughis zu „Gedankenlesern" gemacht. »Wer mit ihnen zusammen ist, hat schnell das Gefühl, dass die Tiere böse Absichten regelrecht spüren«, sagt der deutsche Züchter Eckhard Schritt. In Deutschland leben heute etwa sechshundert Sloughis, deren Besitzer neben ihrem vornehm wirkenden, zurückhaltenden Wesen ihre Qualitäten als Familienhund schätzen. Denn bei aller Härte und Ausdauer – auch beim Kuscheln, Schmusen und Spielen macht dem Sloughi so schnell keiner etwas vor.

Ein Windhund gilt Muslimen als „wertvoller Besitz" und „rein". Nur bei diesem Hund lohnt es sich für einen Gläubigen, ihn zu pflegen – und zu mögen.

RETTER DER PINGUINE

MAREMMA-HUNDE beschützen die Viehherden in den Bergen Italiens. Doch seit an der Südküste Australiens Pinguine von Füchsen bedroht werden, verteidigen die gewaltigen Hunde mit dem weißen Fell auch die Vogelkolonien. Ohne Anweisung von Menschen – und sehr erfolgreich.

ie Luft riecht nach Salz, eine sanfte Brise kräuselt den Pazifik im Süden Australiens. Gina wirft einen Blick Richtung Dünen, dann schüttelt die junge Hündin das Fell und rennt. Unter ihren Pfoten knirscht der Sand wie Schnee, mit einem langen Sprung landet sie wieder im knöcheltiefen Wasser. Übermütig bellt sie die Brandung an und rast zurück. *»Gina, Jessie! Stopp! Over here!«* David Williams ruft in einem unmissverständlichen Befehlston, dann grinst er kopfschüttelnd und sieht zu, wie die weißen Fellwirbel zwischen einsetzender Flut und Dünen noch eine Extrarunde drehen. Die beiden jungen Maremma-Abruzzen sind nicht eben das, was man übertrieben folgsam nennt. Aber das ist auch gut so. »Wichtig ist, ihren Charakter zu stärken. In dem sind Unabhängigkeit und Eigenverantwortung nun mal besonders stark ausgeprägt«, sagt der breitschultrige Australier und lacht: »Gehorsam kommt bei dieser Rasse frühestens an zehnter Stelle.«

Gina und Jessie sind eigentlich normale Hütehunde – mit ungewöhnlichem Job. Sie passen auf Pinguine auf, genauer: auf die Zwergpinguine von Middle Island, die kleinsten Pinguine der Welt. »Dabei müssen sich die Maremmas vor allem auf ihren Instinkt verlassen, weniger auf Menschen. Wir sind schließlich nicht immer da, wenn der Pinguinkolonie Gefahr droht«, erklärt Williams. Der Umweltmanager und Hundetrainer kennt die aus Italien stammende Rasse genau. Von seiner Hündin Esta ist er seit über vier Jahren unzertrennlich, Gina und Jessie hat er schon als Welpen betreut. Sein Job ist, aus den südeuropäischen Schafhirten pazifische Pinguinwächter zu machen. Die Tiere lernen diesen Job durchaus, es ihnen beizubringen ist aber keine leichte Aufgabe, der 34-Jährige widmet sich ihr mit Leib und Seele. Als Junge lebte er mit Hunden und verschlang alles, was er über sie zu lesen fand. Den Ozean liebt er, seit er als Tauchlehrer um die Welt gereist ist. Umweltschutz und Hunde zu verbinden, ist für Williams der perfekte Beruf.

Dabei ist David Williams' spezielle Aufgabe immer noch Neuland: »Pilotprojekte wie dieses gehen selten glatt«, weiß er. »Aber der Erfolg ermutigt uns.« Pinguine sind meist bedroht, wenn Menschen zu viel Platz in Anspruch nehmen. Von Middle Island an der Südostspitze Australiens verschwanden die Zwergpinguine aus einem anderen Grund, vor allem, weil Füchse schwimmen können.

Die unbewohnte Felsinsel gehört zum Küstenort Warrnambool im Bundesstaat Victoria. Ockergelb leuchtet das Gestein des steil zerklüfteten Eilands in der Morgensonne, nur gut 150 Meter vom Festland entfernt. Das ist nah genug für hungrige Füchse. Niedriges Gestrüpp und helle Gräser bedecken das Plateau der Insel, kleine Trampelpfade sind vom Ufer aus kaum erkennbar. Bei Ebbe kann man durch das nur hüfthohe Wasser nach Middle Island waten, bei Flut erreicht die Insel nur, wer schwimmt. »Oder wer getragen wird, wie Gina und Jessie als Welpen«, sagt Williams. Er nimmt die sieben Monate alten Hunde an kurze Leinen und geht mit dem Gespann durchs Wasser vom Festland in Richtung Insel. »Mit ihren dreißig Kilo sind sie mir jetzt deutlich zu schwer. Sie mussten schwimmen lernen.« Genau wie Esta, die erfahrene Maremma-Hündin, die David Williams hilft, die jungen Hunde zu erziehen. »Esta konnte das Meer nicht ausstehen«, erzählt der Hundetrainer, kein Wunder für eine Rasse, die aus einer italienischen Bergregion stammt. »Inzwischen können die drei vom Wasser kaum genug bekommen.«

Am Ufer der Felsinsel öffnet Williams ein Tor, das Neugierige aussperrt, und lässt die Maremmanen von der Leine. Sofort jagen sie davon, bellen laut und markieren erst einmal ihr Terrain. Mit sicheren Sprüngen setzen sie über Pinguinnester hinweg. Hin und wieder strecken sie witternd die Nasen in die Pazifikbrise, laufen Spuren nach, die offenbar nur sie entdecken, und machen klar, dass außer ihnen hier kein Vierbeiner etwas verloren hat. Das ist es, was David Williams von ihnen erwartet.

Oben: Maremma-Abruzzen zeigen fern ihrer Heimat Italien, was sie drauf haben: Selbstständigkeit. **Vorige Seiten:** An das Waten im Meer müssen sich die Berghunde gewöhnen. Hundetrainer David Williams macht es vor.

Australiens Zwergpinguine sind bedroht. Von Füchsen, wie man inzwischen weiß. Die vernichten ganze Kolonien.

Kein bisschen tollpatschig. Mit sicheren Sprüngen setzen die Maremmanen auf Middle Island über Tang und Nester hinweg. Seit Gina und Jessie die Insel als ihr Revier betrachten, gibt es wieder mehr Pinguine.

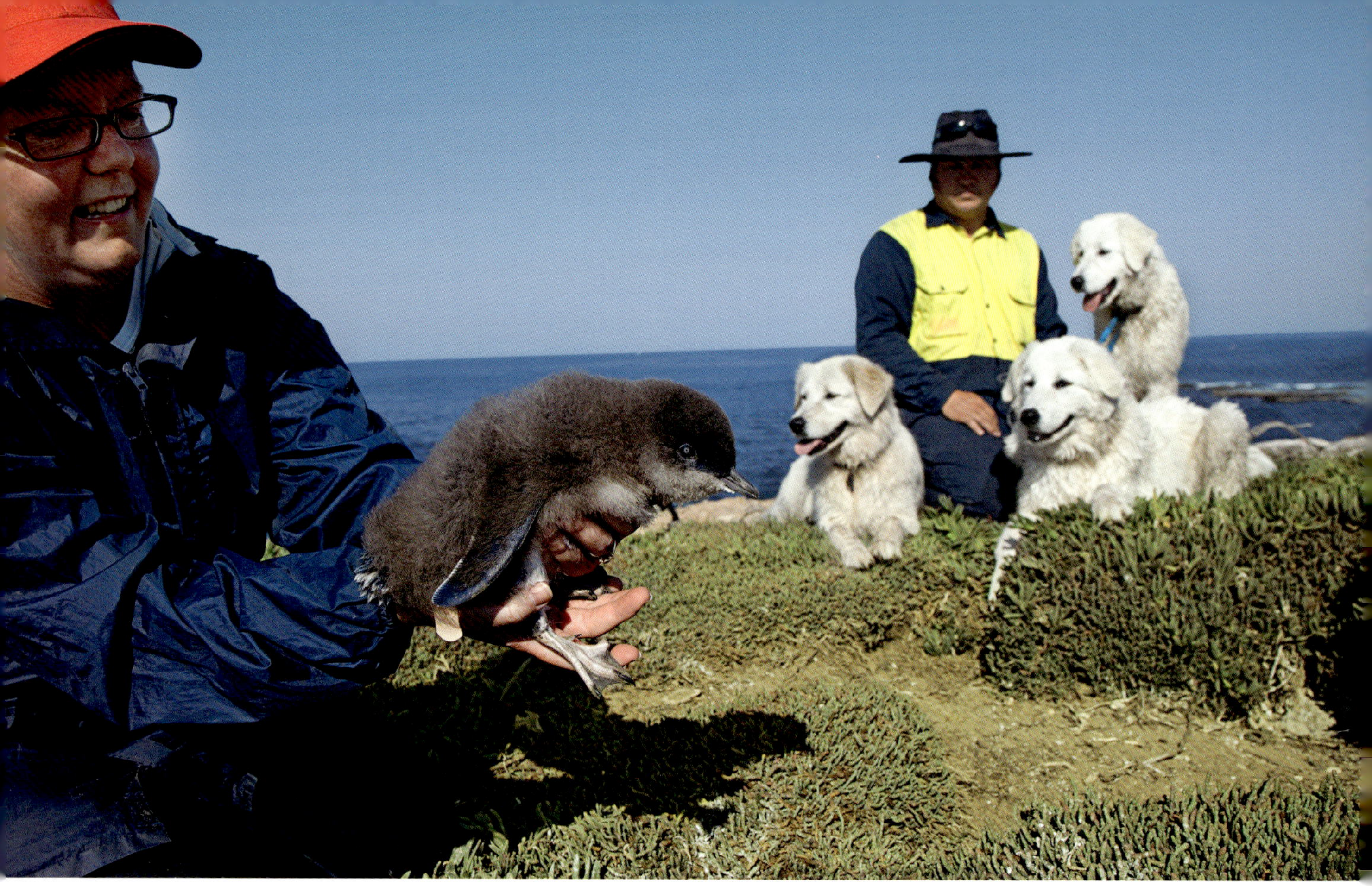
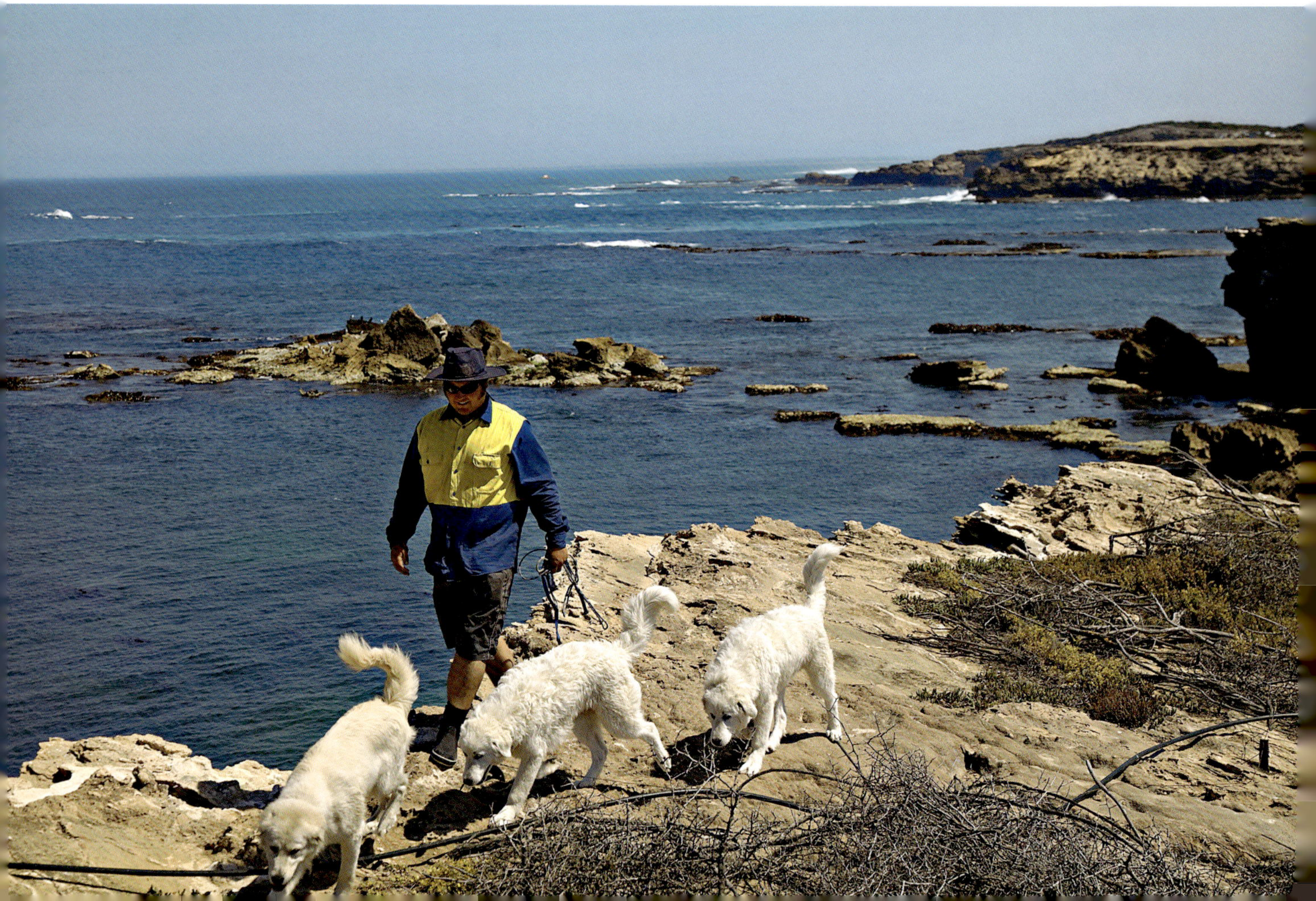

Bis ins Jahr 2000 lebten auf der Felsinsel noch mehrere hundert der blau gefiederten Zwergpinguine. Sie brüten in Höhlen, die sie unter dichtem Buschwerk in die Erde graben. Im Morgengrauen verlassen die kaum vierzig Zentimeter großen Pinguineltern ihre Nester, watscheln über die Klippen gen Ufer und tauchen im Pazifik zum Fischfang ab. In der Abenddämmerung kehren sie zurück, um den Nachwuchs zu füttern. Das ständige Kommen und Gehen der putzigen Seevögel machte die kleine Insel zur Attraktion der Gegend. „Coastcare", eine Gruppe freiwilliger Küstenschutzhelfer, sorgte mit dafür, dass sie in Ruhe brüten konnten. Sie zimmerten Holzkästen, in die sich die Tiere zur Mauser zurückzogen. Ein Steg wurde gebaut, damit Besucher die Vögel und ihre Nester so wenig wie möglich störten. Und dennoch schrumpfte die Kolonie fast täglich. Viele waren überzeugt, dass daran nicht Menschen schuld waren, sondern die Füchse. »Eines Morgens«, erzählt Amanda Peucker und zieht Messinstrumente und Berichtsbögen aus einer wasserdichten Tasche, »lagen fünfzig tote Vögel in einer kleinen Bucht. Mit zerbissenen Kehlen. Überall waren Blutspritzer.« Die junge Frau schreibt an Warrnambools Deakin-Universität eine Doktorarbeit über Pinguine und verfolgt das Geschehen auf Middle Island seit Jahren. Rundum fand die Wissenschaftlerin die Spuren von mehreren jungen und zwei oder drei ausgewachsenen Füchsen. »Die müssen eine Art Training im Pinguin-Töten für ihre Jungen abgehalten haben«, sagt sie.

Füchse wurden hier Ende des 19. Jahrhunderts von Siedlern als Jagdvergnügen eingeführt – ein Desaster für viele australische Beuteltiere, Vögel und Reptilien. Die alles fressenden Raubtiere hatten auf dem fünften Kontinent keine Feinde, fanden dafür um so mehr Beute, nicht zuletzt die fluguntüchtigen Pinguine an den Küsten im Süden. Vor fünf Jahren schließlich waren auf Warrnambools Middle Island nur noch vier *little penguins* übrig. Umweltgruppen, Naturschutzverbände und Stadtverwaltung waren ratlos. Der Verlust der Kolonie war Stadtgespräch. »Wir saßen beim Mittagessen und redeten über die Pinguine, als Swampy die geniale Idee hatte«, erzählt David Williams, der sich das Geld für sein Umweltmanagement-Studium seinerzeit mit einem Nebenjob auf Swampys Hühnerfarm verdiente. »Was ihr auf der Insel braucht«, hatte sein Boss damals gegrummelt, »sind Maremmas.« Swampy behielt recht.

Swampy heißt eigentlich Alan Marsh, aber in Australien kommt kaum einer ohne Spitznamen davon. Aus der Marsh wurde ein Sumpf, englisch „swamp", und Alan Marsh zu Swampy. Der Name ziert inzwischen auch die Eierkartons seines Betriebes, der größten organischen Hühnerfarm Victorias. Swampys meist 15 000 – in Dürrezeiten nur 5000 – Hühner laufen nicht in Hinterhofverschlägen frei herum, sondern wirklich frei: Auf idyllischen, hügeligen Weiden nördlich von Australiens berühmter „Great Ocean Road" scharren sie im Gras, gackern um die Wette und legen Eier, um die sich Melbournes Gourmetrestaurants reißen. »Ohne Maremmas«, sagt der Farmer, »gäbe es in Australien keine Eier von frei laufenden Hühnern. Oder keine, die jemand bezahlen könnte. So große Flächen fuchssicher einzuzäunen, wäre schlicht zu teuer.« Seit über zehn Jahren überlässt Marsh daher Shilo und Oddball oder deren älteren Geschwistern die Aufsicht über sein sechzig Hektar großes Hühnerparadies. Nachts rennen zwei oder drei Hunde unablässig um die Wiesen, markieren ihr Gebiet, schlagen stimmgewaltig an, sobald ein Fuchs naht, oder beißen zu. »Sie sind schon ganz gut«, untertreibt Swampy und grinst. »Zwei Maremmas können problemlos fünfundzwanzigtausend Hühner bewachen.« Und manchmal, ergänzt er mit wenig verborgenem Stolz,

Links oben: Lange Zeit debattierten Tierschützer und Behörden darüber, ob die Maremma-Abruzzen den bedrohten Pinguinen von Middle Island zu einem sicheren Leben verhelfen können. Inzwischen lässt sich der Erfolg zählen: Mehr als 26 junge Vögel sind flügge geworden. Links unten: David Williams führt die drei Maremmanen auf Middle Island herum. Sie sollen einmal auf sich allein gestellt über die Insel wachen.

hielten sie nicht nur die Füchse auf Distanz, sondern auch noch einen kreisenden Keilschwanzadler. Sie tun all das ohne Aufsicht oder Anleitung, denn während seine Hunde arbeiten, entspannt sich Hühnerfarmer Marsh gut dreißig Autominuten entfernt auf dem Sofa.

»Dass wir den Maremmas heute eine Chance geben, ist eigentlich ein kleines Wunder«, sagt Ian Fitzgibbon von Warrnambools Umweltbehörde. Er koordiniert das Pinguin-Projekt in der Verwaltung und kennt sich mit Bürokratie und Kompetenzgerangel aus. »Natürlich hat da jeder was zu sagen.« Umweltverbände auf Landes- und lokaler Ebene mischten mit, Vogelkundler, Meeresbiologen und Tier- und Küstenschützer wollten gehört werden. Schließlich galten freiheitsliebende Hütehunde nicht unbedingt als Freunde der Pinguine.

»Gina und Jessie habe ich schon als junge Welpen an die Pinguine gewöhnt«, sagt David Williams. Zuvor hatten zwei ältere Maremmanen die Insel eine Zeit lang bewacht. Eines Tages jedoch gab es einen Unfall, ein Hund deutete das Verhalten einiger junger Pinguine beim Spielen falsch und biss zu, statt sie zu beschützen. Das Projekt wurde gestoppt und erneut diskutiert, dann aber wieder aufgenommen. »Weil es einfach erfolgreich ist, auch wenn zwischendurch was schiefläuft«, sagt Amanda Peucker, die alle zwei Wochen auf der Insel ihre Schützlinge studiert. Mit dicken Handschuhen greift sie in die versteckten Nester. Sie wiegt und vermisst die quietschenden jungen Pinguine und freut sich, wie viele sie in diesem Sommer auf ihrer Liste registrieren kann. Manche kennzeichnet Peucker mit einem Mikrochip. So sieht sie, wer wiederkommt. Aus Mauserkästen entnimmt die Wissenschaftlerin vorsichtig etwas Flaum. Während die Vögel ihr Federkleid wechseln, bleiben sie an Land. Erst wenn ihre Isolierschicht wieder komplett ist, springen sie nach zwei Wochen hungrig zurück ins Meer. »Seit Beginn des Versuchs kommen wieder mehr Vögel zurück«, freut sich die Doktorandin. Über achtzig erwachsene Pinguine hat sie in diesem Sommer gezählt, mehr als sechsundzwanzig junge Vögel sind flügge ge-

worden. »Auf Middle Island wird kein einziger Vogel mehr von Füchsen getötet, anders als oben in Sydney, wo im vergangenen Sommer eine ganze Kolonie totgebissen wurde. Wir finden nicht einmal mehr deren Spuren.«

Gina und Jessie folgen unterdessen Esta in eine versteckte Bucht. Williams' Hündin beherrscht den Hütejob perfekt, sie ist aber ebenso gut darin, den Nachwuchs anzulernen. »Im Gegensatz zu den beiden Jungen hört Esta aufs Wort«, sagt Williams stolz. »Gina und Jessie orientieren sich an ihr und finden heraus, was ein Hütehund

Nachwuchs! Dank der Bewachung durch Maremma-Abruzzen-Hunde steigt die Größe der Pinguinkolonien auf Australiens Middle Island wieder – eine ganz neue Symbiose.

wissen muss.« Nicht zuletzt aber lernen sie von ihm. Jeden Tag bringt der Trainer die Hunde bei Ebbe hinüber auf die Insel, gewöhnt sie an die Pinguine. Sie markieren ihr Terrain, jagen umher und schärfen ihre Sinne für die Laute und Bewegungen zwischen Felsen und Meer.

Mit der Flut machen sie sich auf den Rückweg. Manchmal aber packt Williams den Schlafsack ein und verbringt mit den Hunden eine Nacht auf der Insel. Er beobachtet sie bei der Arbeit und gewöhnt sie daran, länger zu bleiben. Zunächst Tage, später Wochen. Natürlich

wird jemand nach ihnen schauen. »Aber Maremmas langweilen sich nicht. Dafür sind sie zu intelligent und unabhängig. Und sie überfressen sich auch nie.« Williams klopft Gina auf den Rücken. Mit ihrem dichten Fell wirken die Tiere kräftig. Beim Streicheln fällt auf, wie dünn sie unter dem Pelz sind. »Maremmas fressen nur, bis sie satt sind.« Mit Futter kann man sie vier oder fünf Tage lang allein lassen. »Unser Ziel ist es, Gina und Jessie den Pinguinschutz auf Middle Island ganz zu überlassen«, erklärt Williams. »Sie sollen ihr eigenes Territorium haben, das sie selbstständig verteidigen.«

Im Golf von Siam lebt ein weltweit einmaliger Hund, der den Namen seiner Herkunft trägt: der PHU-QUOC-HUND. Niemand weiß, woher er kommt, jetzt aber möchten die Vietnamesen, dass er ein Botschafter ihres Landes wird.

Vorige Seiten: Die Phu-Quoc-Hunde sind frei, gehören niemandem und gehen, wohin sie wollen. Einer vietnamesischen Legende zufolge sind sie die Kinder einer Liebe zwischen einem Drachen und einem Einhorn.

Oben: Einsam sind die Hunde Phu Quocs nicht. Futter und Spielkameraden finden sie überall, die meisten Menschen mögen sie. Einer der Gründe: Die Hunde sind weltweit einzigartig, »only here in Phu Quoc!«

D er Hund ohne Namen lebt im Paradies. Es ist 53 Kilometer lang, an seiner breitesten Stelle knapp 25 Kilometer breit und wird vom Meer umschlungen. Muschelweiße Strände säumen die Küsten, die sattgrünen Regenwälder im Inneren sind eine von Menschen beinahe unberührte Wildnis. Sorgen kennt der Hund nicht. Niemand stellt ihm nach, niemand hält ihn fest. Wenn er gehen will, geht er, wenn er keine Lust mehr hat, am Strand zu dösen, dann watet er durch das warme, türkisfarbene Wasser, um vielleicht ein paar Fische zu fangen. Oder er bequemt sich in den Dschungel und setzt ein paar Kleinsäugern nach. Wenn ihn der Hunger treibt, läuft er in eines der kleinen Dörfer. Die Menschen hier, die meisten sind Fischer und Reisbauern, sind fast alle freundlich zu ihm: »Only here in Phu Quoc«, sagen sie stolz, wenn man sie nach dem Hund fragt, und setzen meist noch mal bekräftigend nach: »Only here!« Denn der Hund, zumindest hat man ihnen das gesagt, ist weltweit einmalig. Es gibt ihn nur hier, auf Phu Quoc, dem im Golf von Siam gelegenen Tropenparadies vor der Küste Vietnams.

Zumindest gab es ihn nur auf Phu Quoc. Das war, bevor Politikern und Geschäftsleuten in Ho-Chi-Minh-Stadt, dem quirligen Finanzzentrum Vietnams, bewusst wurde, wer da unbemerkt von der Außenwelt auf Phu Quoc lebte. Heute gibt es deshalb auch auf dem rund dreißig Seemeilen entfernten Festland Farmen, auf denen Phu Quocs gezüchtet werden. Der auf den ersten Blick so unscheinbare Phu-Quoc-Hund ist nämlich eine kynologische Rarität. Ein, wenn es stimmt, was die vietnamesischen Offiziellen glauben, weltweit einmaliger Hund – und deshalb vielleicht eines der von dem Land dringend benötigten Aushängeschilder. Denn das an China, Laos und Kambodscha grenzende Vietnam, amtlich heißt das Land Sozialistische Republik Vietnam, sucht die Aufmerksamkeit des Westens. Bis 2020 will es von einem Agrarstaat zu einem Industrieland werden. »Vietnam hat ein starkes Wirtschafts-

Oben: Der Phu Quoc ist einer von weltweit drei Rassen, die einen Ridge, einen Rückenstreifen im Fell, tragen. Rechts: Haben Seefahrer die Hunde aus Afrika nach Phu Quoc gebracht? Viele glauben das.

wachstum, ein niedriges Lohnniveau, bietet politische Stabilität sowie eine junge und lernwillige Bevölkerung«, wirbt der Geschäftsführer des Frankfurter Viet Trade Center, Nguyen Trong Luat. Doch Hand aufs Herz: Von den Kriegen abgesehen, was weiß der moderne Westen über Vietnam?

Bisher ist das Land vor allem unter Rucksacktouristen und für seine Fischsoße bekannt. Nuoc Mam ist ein in die ganze Welt exportierter, unverzichtbarer Bestandteil der asiatischen Küche. Die teuerste und vermeintlich beste Soße wird auf Phu Quoc produziert. Hauptbestandteil ist Ca Com, ein sardellengroßer, besonders proteinhaltiger Fisch, der der Phu-Quoc-Soße

Ein Phu Quoc mit schwarzem Fell. Für Hunde dieser Farbe werden mittlerweile Höchstpreise bezahlt.

Phu Quocs leben wie Parias. Die wenigsten haben Namen, zu fressen gibt's, wenn sich jemand erbarmt.

Huỳnh Phuoc Hue hatte früher mal 120 Hunde. Als einer die Staupe bekam, starb das ganze Rudel.

Im Ratten- und Mäusefang sind die Hunde geschickt. Außerdem fressen sie Eidechsen, Eier, Jungvögel.

einen besonderen Geruch verleihen soll. Doch jetzt kam heraus: Alles Schwindel! Ein Großteil der unter dem Namen der Insel in die Delikatessregale der Welt exportierten Soße wird auf dem Festland zusammengepanscht.

Die Hunde können nicht gefälscht werden, denn sie haben – und das macht sie so besonders – so etwas wie einen Sicherheitsfaden: einen entgegen der normalen Wuchsrichtung laufenden Fellstreifen entlang der Wirbelsäule, den sogenannten *ridge*, englisch für Kamm. Biologisch gesehen ist so ein Ridge eine schlichte, sich dominant vererbende Fellanomalie. Kynologisch aber ist er interessant, weil er einen Teil der Antwort auf die Frage enthält, wie sich Hunde über die Kontinente hinweg verbreitet haben. Denn so einen Ridge haben außer den Phu Quocs heute nur noch der körperlich kräftigere Thai-Ridgeback und der mittlerweile auf allen Kontinenten als Familienhund beliebte Rhodesian Ridgeback, der Südafrikanische Löwenhund. Die Rasse ist zwar noch keine hundert Jahre alt, Stammvater und Ridge-Vererber des Südafrikaners aber ist der Wach- und Hirtenhund der Khoikhoi, eines Hirtenvolks, das die Buren abwertend als „Hottentotten" („Stotterer") bezeichneten: »Der Hottentotten-Köter gehört zu den hässlichsten Vertretern der ganzen großen Hundefamilie«, schrieb 1893 der schweizerische Kynologe Max Siber über die Hunde Afrikas. »Er stellt nichts vor, um so wertvoller sind seine Eigenschaften.« Zwei dieser Eigenschaften sollen seine hohe Intelligenz und sein unglaublicher Mut gewesen sein, der ihn sogar großen Raubkatzen trotzen ließ.

Hat der Khoi-Hund diesen Mut vom Phu Quoc? Stammt der für seine Tapferkeit berühmte „afrikanische Krieger" womöglich aus Asien? Den vietnamesischen Offiziellen würde das gut gefallen. Und möglich wäre es immerhin: Zum einen weil Genomuntersuchungen eine Verwandtschaft bestätigen, zum anderen weil man weiß, dass sich asiatische Seefahrer früher gerne Hunde an Bord hielten – um die Ratten in Schach zu halten und als Proviant.

Der Phu Quoc soll seinem Land Ansehen bringen, am besten durch die glanzvolle Vorstellung auf einer der jährlichen World-Dog-Shows, der größten und wichtigsten Hundeausstellung der Welt. Kleines Problem: Teilnehmen dürfen nur von der FCI, dem in Belgien beheimateten Weltzüchterverband Fédération Cynologique Internationale, anerkannte Rassen. Der Phu Quoc ist nicht anerkannt und Vietnam noch kein Mitglied.

Die Bemühungen um eine FCI-Mitgliedschaft aber laufen auf Hochtouren. Vietnam hat einen Aufnahmeantrag gestellt, einen Kennel Club, einen eigenen Zuchtverband nach englischem Vorbild, gegründet, für die bereits FCI-anerkannten Rassen im Land Ahnentafeln erstellt und im Dezember vergangenen Jahres in Ho Chi Minh City die erste rasseübergreifende Hundeausstellung nach FCI-Reglement veranstaltet. Alles nicht einfach für ein Land, in dem Hunde vor allem als Delikatesse gelten.

Schwieriger aber wird es, die FCI-Kynologen aus Thuin davon zu überzeugen, dass der Phu Quoc überhaupt eine eigenständige Rasse ist. Zum Rassemerkmal nämlich wird der Ridge nur, wenn alle Hunde ihn haben – und das ist auf der Insel nicht immer der Fall. Warum nicht? Weil sich die Phu Quocs mit anderen, vom Festland herübergebrachten Hunden verpaart haben? Oder weil ihr Ridge eben doch nur eine zwar häufig auftretende, dennoch aber zufällige Fellanomalie ist? Auch die Rassegeschichte ist schwer zu verfolgen. Ein Jagdhund soll der Phu Quoc gewesen sein. Doch was heißt das genau? Mit wem jagte er? Und was? Die von den Insulanern gern genannten Büffel? Bestimmt nicht! Einen rund eine Tonne schweren Büffel anzugreifen, wäre zwar mutig, aber dumm, und für den nur 25 Kilogramm schweren Hund mit Sicherheit tödlich. Auch Rhodesian Ridgebacks greifen keine Löwen an, sie rennen bei Raubtierwitterung nur nicht davon, sondern stellen instinktiv ihren schmalen Fellkamm auf. Für die Jäger im Busch ist diese sichtbare Reaktion auf dem Rücken ihrer Jagdbegleiter ein verlässliches Warnzeichen.

Ungeachtet all dieser Unklarheiten ist der Wirbel um den Phu Quoc groß. Klares Indiz sind die Preise. In Ca Dong, einem Dorf in der Nähe des Flughafens, liegt ein Grundstück, auf dem rund fünfhundert Hunde gehalten werden. Das Geschäft läuft gut: Wurden Welpen bis vor zwei Jahren noch für rund 500 000 Dong, umgerechnet etwa 25 Euro, verkauft, muss ein Käufer heute mit 150 bis 180 Euro rechnen. Noch besser läuft der Verkauf auf dem Festland: Zwischen fünf und zehn Millionen Dong, 220 bis 440 Euro, ist alles möglich. Die Zeitung *Sai Gon Tiep Thi* berichtete vor kurzem über den Verkauf eines schwarzen Phu Quocs für umgerechnet 2345 Euro – für ein Land, in dem das Familieneinkommen bei etwa 75 Euro im Monat liegt, ein unglaublich hoher Preis.

Den auf der Insel lebenden Hunden ist der Rummel gleichgültig. Und auch die meisten Inselbewohner mögen die Hunde, ohne etwas an ihnen verdienen zu wollen. »Solange ich denken kann, sind sie hier frei herumgelaufen, und es macht einfach Spaß, sie um sich zu haben«, sagt Huỳnh Phuoc Hue. Der 37-Jährige hat gemeinsam mit seiner Ehefrau auf Phu Quoc ein Museum aufgebaut. Die Insel und ihre Geschichte sind sein Leben, die Hunde gehören dazu: »Einer Legende nach sind sie die Kinder eines Meeresdrachens, der sich in ein Einhorn verliebt hatte.« Doch die Götter missgönnten den beiden ihr Glück. Der Drache starb, das Einhorn gebar auf Phu Quoc die Hunde, die forthin als Kinder ihrer Liebe angesehen wurden. »Das ist zwar romantisch«, sagt Hue, »ehrlich gesagt aber glaube ich eher, dass portugiesische Sklavenhändler auf dem Weg nach Asien in Phu Quoc eingelaufen sind und die Hunde gegen Nahrungsmittel und frisches Wasser eingetauscht haben.«

Hue und seine Frau gehören zu den größten Fans der Phu Quocs. Rund 120 Hunde lebten früher auf dem riesigen Grundstück rund um das Museum. »Eines Tages bekam einer der Hunde blutigen Durchfall, kurz darauf war die Hälfte tot«, sagt er. Denn auf Phu Quoc gibt es keinen Tierarzt, keiner der Hunde ist geimpft. Wird einer krank, steckt er die anderen schnell an. Seither lässt Hue die Hunde frei laufen, damit kranke Tiere sich von der Gruppe abtrennen können. Dennoch ist die Sterblichkeit groß. Hues ältester Hund ist gerade vier Jahre alt.

Gefahr droht den Hunden aber nicht nur durch Staupe, Parvovirose, giftige Schlangen oder von den zum Teil widrigen Lebensumständen, mitunter landen sie auch im Kochtopf. Denn der beste Freund des Menschen kann in vietnamesischen Garküchen schnell zum Tagesgericht werden. *Thit cho hap* ist gedünsteter Hund, *Thit cho nuong* Hund am Grillspieß. Hue selbst isst kein Hundefleisch, will seine Landsleute aber auch nicht verurteilen. Er setzt auf die FCI: »Spätestens wenn der Phu Quoc eine international anerkannte Rasse ist, wird er den Menschen viel zu schade sein, um ihn aufzuessen.«

Links: Die meisten Jungen des Phu Quocs werden im Freien geboren. Sie haben Glück, wenn sich jemand ihrer annimmt. Rechts: Ein Phu Quoc hat in einem Lebensmittelladen Fressbares gefunden – und darf es ungestört gleich vor Ort verspeisen.

DER MIT DEM BÄREN TANZT

Der französische PYRENÄENBERGHUND ist ein liebenswerter Zeitgenosse. Doch wenn es um den Schutz seiner Herde geht, nimmt er es sogar mit Bären auf. Dabei hatten die Bewohner der Berge fast vergessen, wie gut ihnen der freundliche Hund zur Hand gehen kann.

Vorige Seiten: Ein neuer Wurf in der Zucht von Benoît Cockenpot. Vier Welpen hat die Pyrenäenberghündin bekommen. Das ist genug bei vier Hündinnen, meint Züchter Cockenpot, »wir sind ja kein Massenbetrieb.«

Oben: Schroffe Berge und dichte Wälder machen den Charme der Pyrenäen aus, in denen der Berghund groß wird. Bei Züchter Cockenpot hat er seine Lebensaufgabe wiedergefunden: die Ziegen zu beschützen.

Die Gipfel sind im Winter mit Schnee bedeckt. Ein Dorado für Wanderer, die durch die Wälder streifen, in denen Murmeltiere leben und es Kastanien und Pilze gibt. Die Hautes-Pyrénées gehören zu den schönsten Regionen Frankreichs. Sie werden von dem Fluss Gave de Pau durchzogen und reichen bis auf die Spitzen des Col du Tourmalet, den 2114 Meter hohen Straßenpass, in dessen Klüften Steinadler und Gämsen beheimatet sind.

Hier ist auch der Chien de Montagne des Pyrénées, der Pyrenäenberghund, zu Hause. Er erinnert von weitem an einen Eisbären und wurde schon Anfang des Jahrhunderts den Ziegen- und Schafsherden zur Seite gestellt, um sie vor Braunbären zu schützen. Da er strahlend weiß ist, groß wie ein Pony und Respekt einflößend, nimmt Meister Petz vor ihm Reißaus, da auch er keinen Wert auf Konfrontation legt. Dennoch beobachtete eine Bäuerin vor vierzig Jahren, wie ein Bär und ein Pyrenäenhund miteinander kämpften. Der Hund kam etwas später als gewohnt, wenn auch verletzt nach Hause, berichtete die heute rund achtzigjährige Dame, die in den Bergen einen kleinen Ausschank betreibt.

»Heute sind es jedoch nicht mehr die Bären, die von den Bauern gefürchtet werden müssen, es sind vor allem wild streunende Hunde«, erklärt Benoît Cockenpot, der hoch über dem Tal von Argelès-Gazost wohnt. »Sie jagen in Gruppen und kommen oft aus der Nachbarschaft.« Benoît Cockenpot lebt mit seiner Familie auf einem früheren Bauernhof. Hier züchtet er seit achtundzwanzig Jahren den weißen Montagne des Pyrénées und gilt als einer der renommiertesten Züchter des Pyrenäenberghundes. Cockenpot imponiert vor allem der Charakter des Tieres: »Der Pyrenäenberghund schützt die Herde und ist in der Lage, eigene Entscheidungen zu treffen, auch wenn der Besitzer nicht da ist.« Diese Selbstständigkeit faszinierte ihn. »Damit ist der ansonsten gutmütige Familienhund die Antwort auf

Oben: Die Welpen des Pyrenäenberghundes sind bei ihrer Geburt keine sechshundert Gramm schwer.
Links: Ausgang mit Aktiven: Vier Hündinnen und einen Deckrüden besitzt Züchter Benoît Cockenpot.

das Problem, dass neunzig Prozent der Schafe inzwischen von streunenden Hunden getötet werden. Der Pyrenäenberghund wildert nicht, er sozialisiert sich mit seiner Herde und greift auch fremde Herden nicht an.«

Inzwischen ist der Hund, dessen Wurzeln 1500 Jahre zurückreichen, schon auf einigen Bauernhöfen aktiv. »Aber es gibt immer noch Landwirte, die die Schuld am Reißen ihrer Lämmer lieber den Bären zuschreiben als den Nachbarshunden«, resümiert Cockenpot.

Die Zahl der Bären ist in dem Pyrenäental überschaubar: Gezählt wurden in der Region gerade zehn Tiere, so der Züchter. Größer sei die Zahl polemischer Diskussionen

In den grünen Weiten der Pyrenäenrücken bleiben die Herden der Bauern ohne menschliche Bewachung.
Aber nicht allein. Die Hunde fühlen sich für ihre Tiere verantwortlich und wehren Angriffe todesmutig ab.

Züchter Benoît Cockenpot hält vier neue Welpen. Die Nachfrage nach seinen Hunden steigt, seit er Labrits, wie die Franzosen die Pyrenäenhunde auch nennen, seinen Nachbarn als Ziegenbeschützer empfiehlt.

in den Gemeindesälen mit den Tierschützern, die sich für die hungrigen Einwanderer aus Slowenien einsetzen und sie beheimaten wollten. Bären und streunende Hunde mithilfe des Pyrenäenberghundes einfach von den Herden fernzuhalten, scheint Cockenpot am sinnvollsten. »Wir versuchen mit beiden Gruppen, sowohl Tierschützern als auch Landwirten, ins Gespräch zu kommen, um sie auf die schlichte, aber effiziente Lösung aufmerksam zu machen«, schildert der Züchter, während er über sein weitläufiges Grundstück geht.

Hier wird er von seinen vier Zuchthündinnen und dem Deckrüden freudig begrüßt. Alle wurden von ihm ausgebildet und weisen als Hütehunde Erfolge auf. Im Herbst und Frühjahr gesellt sich noch ein kleiner Kindergarten dazu. Jetzt sind es vier drei Wochen alte Welpen, die bedächtig die runden Bäuche über die Wiese schaukeln. »Mehr Hunde wollen wir nicht züchten«, sagt Cockenpot, »wir sind kein Massenbetrieb, sondern möchten die Welpen mit Liebe ausbilden.« Er streichelt die kleinen Vierbeiner. Verschlafen und zitternd vor Auf-

regung drängen sie sich um die große Schale, in der das Kraftfutter angerührt ist. Schlürfend und schmatzend, mit den Pfoten in den Brei tapsend, widmen sie sich ihrer Speise: Welpenmilch mit Aufzuchtfutter.

»Wenn wir mehr als sieben Welpen in einem Wurf haben, gliedern wir sie in zwei Gruppen, damit kein Dominanzverhalten entsteht«, sagt Cockenpot. Für ihn ist es wichtig, dass es friedlich untereinander zugeht. Rangeleien unter den Welpen sind erlaubt. Sobald sie jedoch ernstere Ringkämpfe austragen, werden sie mit Streicheleinheiten beruhigt. »Es soll keine Aggression unter ihnen entstehen.«

Cockenpot holt eine Babywaage hervor. Nach Speise und Verdauung ist Wiegezeit. Waren die Tiere nach der Geburt gerade mal 600 Gramm schwer, sind es nun, drei Wochen später, schon stolze zwei Kilo. »Die Pyrenäenberghunde passen gut zu meinem Lebensstil«, erklärt Cockenpot. »Sie sind lernwillige, aber unabhängige Hunde, die intelligent genug sind, ihren Job auch allein

Die ausnehmende Freundlichkeit und der Familiensinn kennzeichnen die weißen Pyrenäenberghunde. Und ihre Fürsorglichkeit zu Jüngeren. Die jungen Labrits haben strähnigeres Fell, das sie niedlich aussehen lässt.

zu machen.« Selbstbewusst laufen die erwachsenen Vierbeiner über das Grundstück und halten dabei eine Herde von Pyrenäenbergziegen in Schach, die Cockenpot ebenfalls hält. Nur von der Pyrenäenberghund-Zucht zu leben, wäre für ihn nicht möglich, und so widmet er sich auch Herstellung und Verkauf von köstlichen, kleinen Ziegenkäsen. Die Milch dafür liefern die Ziegen mit ihrem seidigen grau-schwarzen Fell. Diva, eine erfahrene Pyrenäenberghündin, weist eine junge Hündin streng zurück, als diese den Ziegen in die Hinterläufe kneift. »Die älteren Hunde bringen den Jungen ganz schnell bei, wie man sich verhalten muss«, lobt Cockenpot.

Inzwischen dürfen die Welpen auch in sein altes Bauernhaus, das mit großem offenen Kamin und behaglicher Wohnküche aus dem Jahr 1780 stammt. Wichtig ist dem Züchter der menschliche Anschluss, deshalb werden die Welpen früh in sein Familienleben integriert. Im Wohnzimmer hat er eine Ecke für sie zurechtgemacht. »Es ist von Bedeutung, dass der Hund einen Platz hat, auf dem er ruhig und geschützt liegen kann«, sagt Cockenpot. »Er darf aber nicht im Zentrum des Hauses sein, damit er nicht das Gefühl bekommt, er könne die Kontrolle übernehmen und wäre das Alphatier. Wenn man ihm das erlaubt, kriegt man es nie wieder aus ihm heraus.« Entscheidend für das Lernen im Leben eines Welpen seien gerade diese ersten Wochen, ist der Züchter überzeugt.

Inzwischen sind seine Tiere, die später zu Familien- oder Schutzhunden ausgebildet werden, über die Region hinaus begehrt. Cockenpot gründete jüngst ein Schutzhundeprogramm, das die Vorteile des Pyrenäenberghundes einer breiteren Öffentlichkeit zugänglich macht, sodass die Hunde inzwischen auch in Portugal oder den italienischen Abruzzen zu finden sind. Hoch im Kurs steht der Pyrenäenberghund, bei den Franzosen auch mit den Namen Berger des Pyrénées und Labrit bekannt, als Familienhund. »Unsere Welpen halten die Familien zusammen«, erklärt der Züchter. »Bei jungen Hunden gibt es eine große Liebebedürftigkeit, bei den älteren stellen wir eine starke Fürsorglichkeit gegenüber Kindern fest. Sie sind einfach der perfekte Babysitter.«

Auf historischen Fotoaufnahmen entdeckte Züchter Benoît Cockenpot, wie stark die Berghunde in die Familien der Pyrenäenbauern und in deren Arbeitsleben eingebunden waren. Und wie liebevoll sie sind.

ÜBERLEBEN

»Ein schrecklicher Ort voller Faszination«, schrieb der Polarforscher Roald Amundsen über die Arktis. Kalt, lebensfeindlich, tödlich. Und doch leben dort Menschen. Die Tundra Sibiriens ist die Heimat der Nenzen. Sie sind Rentierzüchter. Ihre Herden ziehen auf der Nahrungssuche durch den Schnee. Die Menschen folgen ihnen. Immer dabei: Hunde, die sich in der Eiswüste auskennen, die SAMOJEDEN.

Vorige Seiten: Rentiertreck durchs Eis – die Samojeden-Hunde sind immer dabei. Oben: Campen in Gottes Kühlschrank: Bis zu zwei Stunden braucht eine Familie, um ihr Lager aufzuschlagen und wieder abzubauen.

Trink! Aber vergiss nicht, Ky'g zu danken.« Lächelnd reicht die Mutter Grigirij eine Kelle mit warmem Rentierblut. Einen Augenblick zuvor war der kleine Junge gemeinsam mit den beiden Hunden der Familie in das warme Zelt, das Tschum, gekrochen. Das Rentierblut soll ihn nun stärken und die Wärme zurückbringen, die er draußen verloren hat.

Stundenlang waren Grigirij und die Hunde bei minus 20 Grad und einem scharfen Nordostwind bei den Männern gewesen, um die Herde zu trennen, fünftausend Tiere. Kurz vor Einbruch der Dunkelheit hatte er schließlich geholfen, einen besonders großen Bullen zu zerteilen. Wenn es ums Schlachten geht, wird jede Hand gebraucht, denn es muss schnell gehen. Wer zu lange braucht, dem gefriert das Fleisch unter dem Messer und er kann das Fell nicht

mehr abziehen. Aber Grigirij, der Junge, war schnell, und jeder seiner Handgriffe saß. Es war ein guter Tag für ihn. Die Männer haben ihn gelobt. Später werden sie ebenfalls ins Tschum kommen, sich um den eisernen Ofen versammeln und rohen Fisch und frisches Fleisch essen.

In warme Rentierfelle eingekuschelt, neben sich die Hunde, wird Grigirij an der Seite des Tschums liegen und den Männern zuhören. Sie werden Geschichten erzählen, und wenn er merkt, dass seine Augen schwer werden, wird er noch einmal Ky'g, seinem Schöpfergott, für diesen Tag danken und einschlafen.

Grigirij und seine Familie sind Nomaden. Die Russen nannten sie Samojeden, sie selbst aber nennen sich Nenzen, Menschen. Ihre Heimat ist die Jamal-Halbinsel im Nordwesten Russlands, ein Stück waldloses Land in der sibirischen Tundra, das nordöstlich der Berge des

Oben: In der Mitte des Zelts steht ein Ofen, Felle und Holzbohlen halten die Bodenkälte ab. Nächste Seiten: Wenn die Menschen Platz genommen haben, legen sich die Samojeden-Hunde dazu – jeder wärmt jeden.

Urals liegt und sechshundert Kilometer vom Polarkreis entfernt in das Nördliche Eismeer hinausragt. Eine unwirtliche, karge Gegend. Im Sommer wird sie von Myriaden arktischer Mücken heimgesucht, im Winter fällt die Temperatur auf bis zu minus 40 Grad.

Alles im Leben der Nenzen dreht sich um Rentiere. Fleisch, Blut, Fett und Knochenmark sind ihre Lebensgrundlage, aus dem Fell werden Kleidung und Zelte gemacht, Geweihe und Hufe zu Knöpfen, Messergriffen und Schließen für Jacken und Gurte verarbeitet. Die Herden der Rens sind riesig. Im Sommer finden die Tiere reichlich Moos, im Winter aber ist die Futtersuche schwer und die Tiere müssen weit laufen. Die Nenzen ziehen mit ihnen. Im Frühjahr wandern sie bis zu achthundert Kilometer nach Norden, im Herbst geht es dieselbe Strecke nach Süden in die Winterlager an der Waldgrenze. Immer dabei: ihre Hunde, die Samojeden.

Bis zu fünf Hunde besitzt jede Familie. Sie sind unverzichtbar. Mit ihrem Bellen – Samojeden bellen gern, viel und laut – warnen sie vor Fremden, ihre Witterung vertreibt Wölfe und Bären. Als Treibhunde helfen sie bei der Arbeit, und wenn gerade kein Rentier zur Hand ist, lassen sie sich auch vor den Schlitten spannen. Sie begleiten die Jäger auf der Jagd und finden den Weg zurück zu den Zelten auch im Schneesturm. Die Hunde sind Spielgefährten der Kinder und wärmen ihre Besitzer in der Nacht. Dafür, dass sie selbst nicht frieren, sorgt ihr Fell. Es ist ein von der Natur geschaffenes Meisterstück in Sachen Isolierung. So dicht, dass es fast unmöglich ist, sich bei einem Tier in vollem Winterkleid mit den Fingern bis auf die Haut durchzuwühlen, und dabei so flauschig, dass zwischen den Haaren jede Menge Luft gespeichert werden kann. Schneeflocken finden im Fell keinen Halt, und selbst bei starkem Regen dringt das eiskalte Wasser nie bis auf die Haut dieser Hunde.

Die Kleidung der Nomaden besteht wie die Zelte aus Fellen von Rentieren. Eine Lage wird mit dem Haar nach innen getragen, die andere mit dem Pelz nach außen. Die Hunde wärmt nichts als das eigene Fell.

Das Leben im Polarklima ist hart. Wer überleben will, muss töten, wer zu weich ist, stirbt. Samojeden sind harte Hunde. Sie ziehen mehrere hundert Kilogramm schwere Lastschlitten bis zu hundert Kilometer am Stück, ohne zwischendurch gefüttert zu werden. Bekommen sie von den Menschen kein Fleisch, jagen sie allein, und selbst ihre im Frühjahr geborenen Welpen bringen die Hündinnen ohne Hilfe des Menschen durch. Samojeden zogen die Schlitten der 1888 von Fridtjof Nansen angeführten Nordpolexpedition, und der erste Hund, der 1911 eine Pfote auf den Südpol setzte, war Etah, der Leithund des norwegischen Polarforschers Roald Amundsen. Gemeinsam mit 52 anderen Samojeden hatte er die Expeditionsschlitten in 99 Tagen über 3000 Kilometer weit durch die Kälte des ewigen Eises geschleppt.

Das Klima der Arktis formt. Und es schweißt zusammen. Treffen Nenzen auf andere Menschen, wird gefeiert und zusammengesessen. Gastfreundschaft ist wichtig, Nachrichten können ausgetauscht, Botschaften weitergegeben

werden. Die Hunde der Nenzen scheinen genauso zu denken. Samojeden sind außergewöhnlich menschenbezogen, freundlich, gesellig und, im Gegensatz zu anderen nordischen Rassen, bis ins hohe Alter verspielt. Ihr Wesen scheint ihnen sogar ins Gesicht geschnitten: Ihre Augen sind mandelförmig, ihre Lefzenwinkel zeigen in leichtem Bogen nach oben – eine Kombination, durch die die Hunde aussehen, als würden sie ständig lächeln.

Die Welt der Nenzen ist voller Geister. Ky'g ist ihr Schöpfergott, der durch die Sonne auf sie hinuntersieht, aber auch viele Orte der Landschaft, Berge, Buchten und Tiere haben eine Seele. Vor allem vor Tieren muss man Respekt haben. Der Gedankenkreis der Arktisbewohner ist einfach: Die Menschen brauchen die Tiere als Nahrung, und die Tiere gestatten das. Im Gegenzug darf niemand mehr töten, als er essen kann. Außerdem müssen die Seelen der getöteten Rentiere, Polarfüchse, Hasen oder Robben wie Gäste behandelt werden. Tiere, die einem helfen, gehören zur Familie. Der Stolz der Nenzen sind ihre Rens. Mit ihnen tragen sie Rennen aus, für sie werden aufwändige Halfter geknüpft, sie sind Teil ihrer Riten. Den Hunden aber vertraut man. Sie gehören dazu und haben ihren festen Platz in der Gemeinschaft. Sitzt die Familie im Kreis, um zu essen, formieren sich die Hunde hinter ihnen zu einem zweiten Kreis und fangen auf, was für sie abfällt. Gehen die Kinder zum Spielen nach draußen, passen die Hunde auf, fahren die Männer mit dem Schlitten weg, laufen die Hunde neben ihnen her. Jedes Kind der Tundra weiß, dass es sich bei einem aufziehenden Schneesturm, in dem es rein gar nichts mehr sehen kann, an den Hund krallen muss. Im Sturm wird er es wärmen, danach bringt er es nach Hause.

Nach Europa kamen die Samojeden mit dem britischen Zoologen Ernest Kilburn-Scott. 1894 verbrachte er drei Monate bei den Nenzen und bekam von ihnen einen schneeweißen Welpen namens Sabarka geschenkt. Ein paar Jahre später importierte er von der Westseite des Urals die cremefarbene Hündin Whitey Petchora und aus Sibirien den weißen Rüden Musti. Er begann zu züchten, wandte sich an den Kennel Club und zeigte seine Welpen bei Ausstellungen. 1913 wurde der Samojede als Rasse anerkannt, 1923 in den USA als erster Zuchtverein der Samoyed Club of America gegründet.

Auf deutschen Hundewiesen sieht man Samojeden nicht sehr oft, aber wenn, dann begeistern seine Besitzer sich fast immer für sein freundliches, kinderliebes Wesen. Er ist – sofern er gut gehalten wird und sich wohlfühlt – niemals aggressiv und glänzt durch seine außergewöhnliche Verträglichkeit. Nicht immer zur Freude seiner Besitzer, denn diese soziale Kompetenz bringt er jedem Menschen, auch einem Einbrecher entgegen. Als Wachhunde sind Samojeden, zumindest jene, die nicht in der Tundra leben, nicht brauchbar. Und auch mit dem Gehorsam tut sich diese Hunderasse meistens schwer.

Der Samojede ist der Hund der Eis- und Schneewüsten. Wie lange diese Tiere an der Seite der Nenzen noch die Tundra durchwandern, ist aus heutiger Sicht nur zu ahnen. Denn das Nomadentum der Nenzen ist stark bedroht. Unter der Jamal-Halbinsel lagern riesige Vorkommen an Gas und Erdöl. Deren Förderung ist bedingt durch die vorherrschenden Wetterverhältnisse extrem schwer, Umweltschutz nehmen viele Firmen nicht wichtig. Durch Lecks in den Pipelines werden Böden, Flüsse und Seen verseucht. Etwa zwanzig Millionen Hektar Weideland gelten mittlerweile als irreparabel zerstört, mehr als 150 Flüsse sind derart verseucht, dass darin nicht mehr gefischt werden kann. Viele der durch die Tundra ziehenden Tiere verletzen sich an verrottenden Metallteilen, eine breite und für die Herden kaum überwindbare Eisenbahntrasse trennt die Winter- von den Sommerweiden. Hinzu kommt, dass es durch das wärmere Klima immer häufiger regnet. Am Boden gefriert der Regen und bedeckt so das Rentiermoos, die Hauptnahrung der Rens, mit Eis. Außerdem geht den Rentierzüchtern der Nachwuchs aus. Traditionell beginnt die Ausbildung der Kinder mit acht Jahren, wegen der Schulpflicht aber müssen sie kurz darauf aufs Internat. Um das Handwerk zu erlernen, bleiben dann nur noch die Ferien. Und weil auch in diesem Lebensraum iPod, Zentralheizung und Badeferien junge Menschen reizen, entscheiden sich viele junge Nenzen für ein Studium in der Stadt oder einen Job im wohl klimatisierten Büro.

Ob die Nenzen ihren Rentieren noch lange durch die Tundra folgen werden, vermag niemand vorherzusagen. Ihre Hunde aber leben mittlerweile überall auf der Welt. Zum Hüten werden sie kaum noch genutzt, bei Schlittenrennen haben ihnen schnellere Hunde den Rang abgelaufen, auf dem Trainingsplatz oder bei Agility-Wettbewerben sieht man sie nicht oft. Dafür sind sie zu stur. Ihr zutrauliches Wesen und ihr unerschütterlicher Charakter aber finden immer neue Freunde. Ein Samojede, schreibt die Schweizer Hundebuchautorin Erna Bosse, das ist ein »großer, weisser Hund, der auf seinem Gesicht und in seinem Herzen das ganze Jahr hindurch den Geist des Weihnachtsfestes trägt.«

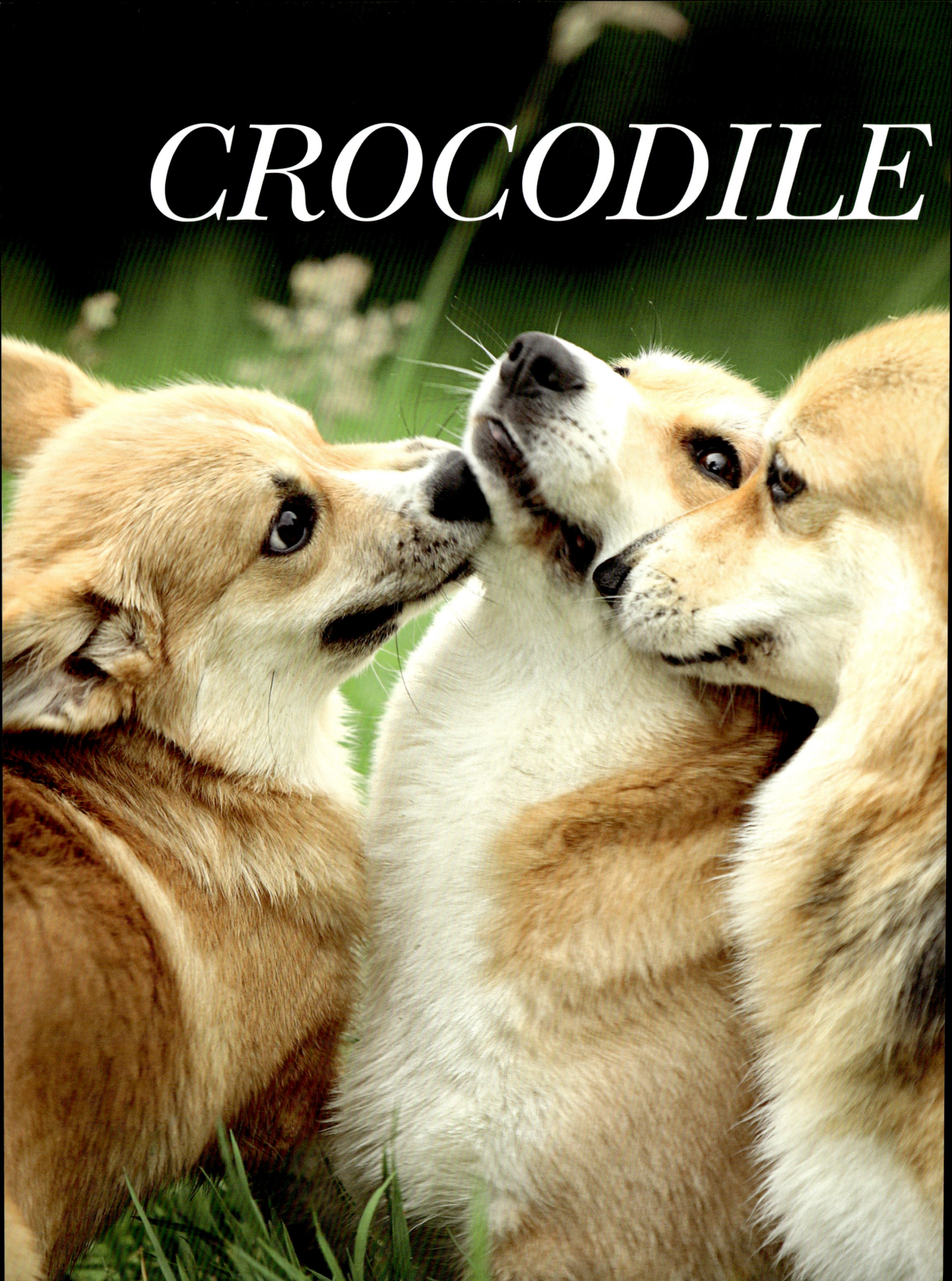

CROCODILE

CORGI

»Ein kleines Tier mit dem Körper eines Krokodils«, beschrieb der französische Dichter Guy de Maupassant den WELSH CORGI nach einer Reise nach Wales. Die Queen schwört seit ihrer Kindheit auf seine Gesellschaft und füttert ihn mit Rosinenbrötchen.

Vorige Seiten: Drei Cardigan-Corgis als Schnupper-Trio. Oben: Der Wind in den Gräsern, das ist das richtige Wetter für die Hunde. Unten: Aufmerksamkeit, dein Name ist Corgi. Die Hunde bekommen alles mit, sind oft eigensinnig. Rechts: Kein Problem, wenn ein Viehtrieb durch den Bach geht, Corgis sind nicht wasserscheu.

Sich mit der Königin von England zu unterhalten ist nicht gerade einfach. »Sie mag, und zwar in genau dieser Reihenfolge, Hunde, Pferde, Männer und Frauen«, sagt ihr Biograf Graham Turner. »Und wenn man nichts von Flohhalsbändern und Tierärzten versteht«, behauptet eine ihrer Hofdamen, »geht einem schnell der Gesprächsstoff aus.« Geschickte Verhandler passen deshalb den richtigen Augenblick ab, etwa die Fütterung ihrer vier Corgis. Linnet, Monty, Holly und Willow bekommen täglich frisch gekochtes Huhn, und wenn es ihr möglich ist, füttert die Queen selbst: »Wenn sie die Näpfe füllt«, erzählt ihr ehemaliger Butler Paul Burrell, »kann man mit ihr über alles reden.«

Die Hunde von Elizabeth Alexandra Mary Windsor, der Regentin des Vereinigten Königreichs von Großbritannien und Nordirlands, Staatsoberhaupt von Australien, den Bahamas, Barbados, Belize, Grenada, Jamaika, Kanada, Neuseeland, Papua-Neuguinea, den Salomonen, Antigua und Barbuda, den Grenadinen und Tuvalu, sind berühmt. Wenn morgens um neun Uhr unter ihrem Fenster des Buckingham-Palasts ein Dudelsackspieler seinen fünfzehnminütigen Weckruf spielt, dann redet sie erst einmal lange mit ihren Hunden. Spaziert sie durch den Palast, sind sie dabei. Trinkt Elisabeth die Zweite Tee, bekommen die Tiere Rosinenbrötchen, winkt sie huldvoll aus dem Fond ihres Wagens, sitzt das Rudel neben ihr. Nicht selten lässt sie bei Tisch ganz aus Versehen etwas fallen, und niemandem außer Ehemann Prinz Philip (»*bloody dogs!*«) ist es erlaubt, sich in irgendeiner Weise über die Tiere zu mokieren. Ein 1969 von der BBC über die Royals gedrehter Film erhielt von den Produzenten den Namen „Corgi and Beth", in Anspielung auf George Gershwins Oper „Porgy and Bess", als die Queen es vorzog, sich vor der Kamera mit ihren Corgis statt mit ihrer Familie zu präsentieren.

Ist einer der Hunde krank, wird (mal wieder) ein Palastangestellter gebissen (was die Corgis von Princess Anne, der Tochter der Queen, geschafft haben), hebt einer am Hosenbein eines hohen Gesandten das Bein oder stirbt gar (alle Hunde werden im Park von Windsor Castle beerdigt), berichtet die Weltpresse. Die bewundernden Worte, die für die Hunde benutzt werden, sind zahlreich. Sie seien »originell«, hätten »Charakter«, seien »witzig« und »besonders«, heißt es. Nur eines hat bisher niemand geschrieben: dass die Hunde der Queen hübsch seien.

Links: Die Legende berichtet von den Corgis als Elfengeschenk: »Nehmt diesen Hund, er wird euch eine Hilfe sein.« Ein Corgi demonstriert seine fabelhafte Herkunft. Rechts: Bei Fuß gehen geht. Aber ein Corgi macht sich auch gern selbstständig.

»Ein kleines Tier, fast ohne Pfoten, mit dem Körper eines Krokodils, dem Kopf eines Fuchses und einem trompetenförmigen Schwanz«, beschrieb der französische Dichter Guy de Maupassant nach einer Reise nach Wales die Corgis. Eine missratene Mischung aus Dackel und Schäferhund, krummbeinig, ziemlich intelligent, nicht immer freundlich. »Ein Arbeitshund«, sagt einer, der sich mit Hunden auskennt. »Im Ernst?«, fragt ein anderer. Mal ehrlich, bei solchen Stummelbeinchen, was für eine Arbeit sollte das denn sein? Die eines Wadenbeißers? »Ja, genau«, sagt der Züchter Thomas Jones-Rees, »Corgis sind sehr entschlossen, hart im Nehmen und durchsetzungsfähig. Man hat sie früher auch als Wachhund eingesetzt und auf Steuereintreiber gehetzt, in erster Linie aber waren sie für das Treiben des Viehs zuständig.« Da kamen ihnen die Stummelbeine zupass. Denn wer klein ist, ist wendig, und wenn ein Bulle zutritt, ist die Fähigkeit, sich extrem schnell zu ducken, ihr bester Schutz.

Corgis sind die Hunde aus Wales, einem rund 21 000 Quadratkilometer kleinen Landesteil Großbritanniens, westlich von England. Die Küste ist steil und schroff, das Landesinnere bergig und von rauer Schönheit. Es ist das Land des Zauberers Merlin und der Artussage, der Ritter, Drachen, Burgen und Schlösser. Und es ist das Land der Kühe und Schafe. Ackerbau gibt es hier kaum, dafür üppige Wiesen, auf denen schon zu Zeiten der Kelten das Vieh graste. Die Herden zu treiben und einzelne Tiere daran zu hindern, das Land des Nachbarn zu betreten, war der Job der Corgis. Eine Arbeit, die sie gut machten. Laut kläffend – Corgis bellen viel und laut – rannten sie hinter dem Vieh her. Tiere, die herumzickten, wurden mit einem Kniff in die Fesseln auf Kurs gebracht. Dem Huftritt, der dann unweigerlich folgte, wichen die Hunde aus, meist ging er sowieso über ihren Kopf hinweg.

Aus dem Stall zur Tränke, auf die Weide, zum Markt und wieder in den Stall – wer Nutztiere hatte, brauchte einen Corgi. Den Hunden war es egal, wen sie trieben. Gänse, Rinder, Pferde, Schafe, wer sich in die vom Hund vorgegebene Richtung bewegte, blieb ungeschoren, wer eigene Pläne hatte, nach dem wurde gehappt. Niemals galten sie, wie zum Beispiel die Jagdhunde, als edel und vornehm, wertvoll waren sie dennoch. In den um 945 niedergeschriebenen Hywel-Gesetzen, nach Hywel Dda, dem ersten König von Wales, wird der Wert eines Corgis mit dem eines Stiers gleichgesetzt. Einen Corgi zu stehlen oder ihn zu töten, wurde schwer bestraft.

Dass er ein Nachfahr der keltischen Bauernhunde sei, diese Erklärung mag kynologisch Sinn ergeben, besonders schillernd ist sie nicht. Weshalb der Corgi seinen Platz in den Legenden der Waliser gefunden hat. »Wir glauben, dass Welsh Corgis ein Geschenk der Elfen sind«, sagt Thomas Jones-Rees und streicht seinen Hunden über den Sattel, den weißen Fellstreifen am Hals. Auf dem haben die winzigen Zauberwesen gesessen, als sie die Corgis zu den Menschen brachten, heißt es in den Sagen. Doch so romantisch die Legenden, das Leben auf den Höfen war hart. Kriege und Landstreitigkeiten gehörten zum Alltag. Um ihre Heere ernähren zu können, pressten die Fürsten die Bauern aus. Wer gefüttert werden wollte, musste arbeiten, und wer beim Treiben versagte, dem blieb ein erbärmliches Schicksal als Hofhund, der Ratten und Mäuse jagt. Dass außer ein paar engagierten Hundeliebhabern jemand Notiz vom Corgi nahm, ist dem Herzog von York, späteren König George VI., zu verdanken. Im Juli 1933 traf er bei einem seiner Freunde zufällig auf eine kleine Corgi-Hündin. Corgis waren damals sehr selten. Acht Jahre zuvor hatte ein Züchter zwar erstmals einen Welsh Corgi auf einer Ausstellung gezeigt, und 1928 wurden Corgis vom British Kennel Club immerhin als eigene Rasse anerkannt. Doch die Begeisterung des Publikums hielt sich in Grenzen. Zwar verfügten die kleinen Waliser über jede Menge Persönlichkeit und Charakter, erschienen den meisten aber wie Bastarde. Manche Hunde waren höher, andere tiefer, einige hatten Schwänze, andere wedelten mit einem

Seit 1928 ist der Corgi eine anerkannte Rasse. Der Standard ist großzügig bei Größe und Farben: Fast alle Fellzeichnungen sind erlaubt, Corgis mit einem Stummelschwanz ebenso wie Hunde mit einer Fuchsrute.

Stummel oder wurden schwanzlos geboren. Es gab sie lang- und kurzhaarig, mit Steh- und mit Hängeohren, in allen Farben, gescheckt, getupft, gepunktet. Corgis waren die buntesten Rassehunde der Welt.

Dem Herzog aber war das egal. Er war ein scheuer Mann, der als Kind wegen seines Stotterns oft gehänselt wurde und deshalb auch später große Angst vor öffentlichen Auftritten hatte. Vielleicht waren es seine eigenen Erfahrungen, die ihn nicht nur auf das Äußere schauen ließen, vielleicht auch nur das entzückende Wesen der Corgi-Hündin seines Freundes. Fest steht jedenfalls: So einen wollte er auch haben. Er ließ sich Namen und Adresse eines Züchters geben. Der Hund sollte ein Geschenk für seine damals noch keine zehn Jahre alte Tochter Elizabeth sein. Den Welpen suchte aber nicht das Mädchen aus, sondern seine Mutter, Lady Elizabeth Bowes-Lyon. Ihre Wahl fiel auf den Welpen mit der längsten Rute:

»Ich möchte, dass er etwas zum Wedeln hat, damit wir sehen, ob er zufrieden ist.« The Duke, später wurde daraus Dookie, änderte das Leben im Palast. Er war quirlig, gewitzt, verschmust, brachte die spätere Königin zum Lachen und tröstete sie in schweren Stunden. Schon bald gesellte sich die Hündin Jane zu Dookie, und weil die beiden die Hunde der königlichen Familie waren, verging kaum eine Woche, in der ihr Bild nicht auch in den Zeitungen erschien. Plötzlich waren Corgis in aller Munde, und mit der Nachfrage stieg auch das Interesse der Züchter an dieser Hunderasse.

Corgis sind selten. Heute werden Corgis überall gezüchtet, aber unter die Top Ten schaffen sie es nicht. In Deutschland kommen pro Jahr nur etwa siebzig Welpen zur Welt – zum Vergleich: Jährlich werden rund 16 800 Schäferhunde, 6600 Dackel und 2500 Golden Retriever geboren. Mit dem bunten Mischmasch ist allerdings

Zum Sofahelden taugen Corgis nicht. Sie sind fix im Kopf und brauchen jede Menge Bewegung. In ihren Genen steckt eine dreitausend Jahre alte Geschichte als Arbeitshund. Als Treiber bellen sie laut und gern.

Schluss: Züchter beschränken sich heute auf zwei nach ehemaligen walisischen Küstengrafschaften benannten Schläge der Rasse, den Pembrokeshire-Corgi und den Cardiganshire-Corgi. Beide sind von der FCI, dem Weltverband der Hundezüchter mit Sitz in Belgien, als eigene Rasse anerkannt. Sie unterscheiden sich in Größe und Gewicht, sind für den Laien aber am einfachsten am Schwanz auseinanderzuhalten. Cardigans haben einen buschigen Schwanz, Pembrokes eine Stummelrute.

Schluss ist aber auch mit ihrem Job als Treiber. Die moderne Viehwirtschaft braucht keine Hunde. Was aber nicht heißt, dass die heute zumeist als Familienhunde lebenden Corgis den Arbeitshund nicht in sich tragen. Dreitausend Jahre lang waren sie bei den Walisern Mädchen für alles. Sie trieben das Vieh, hüteten und bewachten es. Nie waren sie schlichte Befehlsempfänger, Entscheidungen selbst zu treffen, gehörte zu ihrem Alltag.

Das sind Eigenschaften, die in den heutigen Corgis schlummern, aber jederzeit wieder geweckt werden können. »Eines Tages rief mich ein Mann an, der einen Corgi suchte, um ihn zum Treiben von Rindern und Fasanen einzusetzen«, erzählt Mair, die Frau von Thomas Jones-Rees. Begeistert war die Züchterin zunächst nicht. Ihr Zwinger Gwenlais liegt umgeben von Viehzüchtern, und mehr als einmal hatte sie sich über die Haltung der Tiere auf den Farmen entrüstet. Der Mann am Telefon aber schien anders zu sein. »Er lud uns ein, stellte uns seinen Tierarzt vor und führte uns herum.« Schließlich willigten Mair und Thomas Jones-Rees ein, ihm den Welpen Mickey zu geben – eine der besten Entscheidungen ihres Züchterlebens: »Mickey hat nicht lang gebraucht, um zu verstehen, wie man mit Fasanen, Kühen, dem Rennpferd und zwei Eseln auf der Farm umgeht. Wenn wir heute vorbeikommen, sehen wir einen durch und durch glücklichen Corgi, der das tut, wofür er geboren wurde.«

Die wahre Herkunft der Corgis sind die Bauernfamilien der Kelten. Gut möglich, dass sich der Name vom walisischen „cor" für Zwerg herleitet. Oder dass Corgi von „cur" abstammt, was Bastard oder Köter heißt.

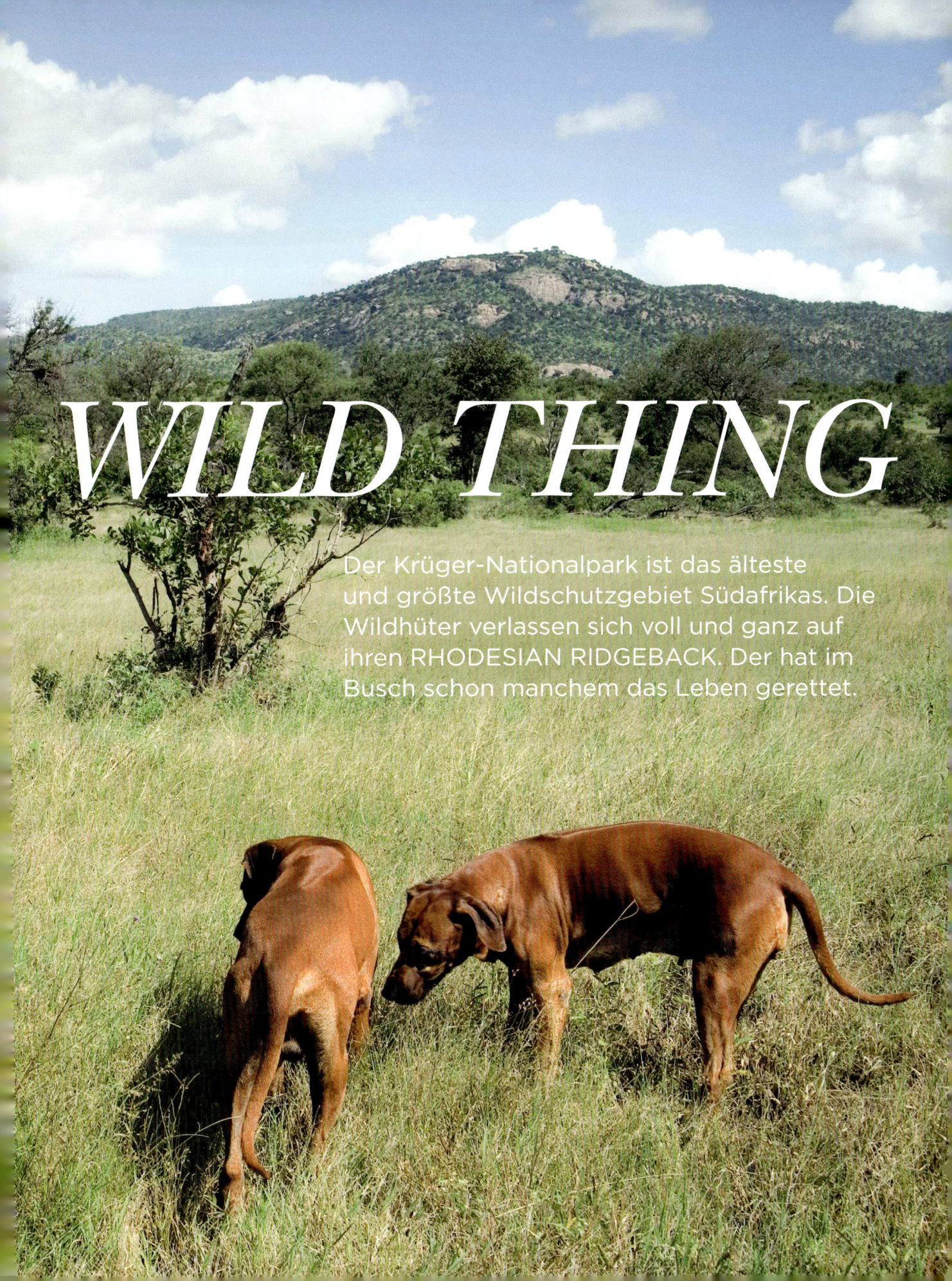

WILD THING

Der Krüger-Nationalpark ist das älteste und größte Wildschutzgebiet Südafrikas. Die Wildhüter verlassen sich voll und ganz auf ihren RHODESIAN RIDGEBACK. Der hat im Busch schon manchem das Leben gerettet.

Vorige Seiten: Auf der Pirsch im Krüger-Nationalpark. Ranger Bruce Leslie vertraut auf Nala und Matjulu. Die Ridgebacks sind unfehlbare Warner in hohem Gras, in dem Feinde nicht zu sehen, aber zu riechen sind.

Oben: Rhodesian Ridgebacks sind Jagdhunde. Ihre Körpergröße beträgt ca. 70 Zentimeter, das Gewicht gut 30 Kilo. Die Ladefläche des Pick-ups ist genau die richtige Art, mit ihnen durch den Busch zu fahren.

Bruce Leslie weiß genau, dass er in Gefahr schwebt. Jeder, der zu Fuß durch das Buschland entlang des Crocodile River patrouilliert, ist in Gefahr. Im Gras lauern Mambas und Speikobras. Es gibt Löwen und Leoparden, Nashörner und Büffel – und sehen kann Bruce gar nichts. Den Blick fest auf Nala und Matjulu gerichtet, bahnt der Ranger sich seinen Weg durch das teilweise hüfthohe Gras und die dicht stehenden Sichelbüsche. Die beiden Hunde sind seine Lebensversicherung. Sie scheinen das zu wissen: Nervös schnuppernd umkreisen sie ihren Herrn, sichern ihn nach allen Seiten ab.

Plötzlich bleibt Nala abrupt stehen. Bruce sieht zwar nichts, bleibt aber ruhig. Nicht mal das Gewehr entsichert er: »Ihr Ridge hebt sich nicht«, erklärt er. »Wahrscheinlich sind es nur Elefanten, ein bisschen weiter weg.« Hätte sich ihr Ridge, der entgegen dem Haarwuchs wachsende Haarkamm entlang der Wirbelsäule, gehoben, wären vom Entsichern bis zum schussbereiten Anlegen der Büchse keine drei Sekunden vergangen. Bruce bleibt cool. »Der hebt sich nur, wenn Löwen oder Leoparden in der Nähe sind.«

Bruce ist einer von 22 Rangern des Krüger-Nationalparks in Südafrika. Was es bedeutet, wenn sich bei einem Ridgeback das Rückenhaar aufrichtet, weiß er aus eigener Erfahrung: »Ich verdanke Matjulu mein Leben«, sagt er, während er dem Rüden geistesabwesend über die Flanken streicht. »Es war ein fünf bis sechs Jahre altes Leopardenweibchen«, erinnert er sich. »Es kauerte unter einer Akazie und griff ohne Vorwarnung an. Hätte Matjulu mich nicht gewarnt, hätte ich keine Chance gehabt.« Dass ein Leopard einen Menschen angreift, ist ungewöhnlich, aber erklärbar: Der 20 000 Quadratkilometer große Schutzpark grenzt im Osten an Mosambik und im Norden an Simbabwe. Das einst reiche und fruchtbare Land ist verarmt, das Bruttoinlandsprodukt liegt bei noch nicht mal 1000 Dollar pro Kopf. Wilderei ist nur

eines der illegalen Geschäfte, mit denen man versucht zu überleben. »Das Leopardenweibchen war nicht in einer normalen Lage, es hatte sich aus einer Falle befreit. Es hatte eine Verletzung am Kiefer, eine Wunde im Nacken und war stark unterernährt. Es wollte nur überleben …«

Ridgebacks sind ein „Produkt“ der Kolonialisierung. Die Kolonialherren lebten gut, die Großwildjagd kam in Mode. Es war ein gefährlicher, für den Jäger oft tödlicher Sport. Denn im hoch bewachsenen Buschland Afrikas sind Elefant, Nashorn, Büffel, Löwe und Leopard kaum auszumachen, und Hunde für die Jagd gab es nicht. Welcher normale Hund würde sich schon in die Nähe des Löwen wagen? Es gab zwar keinen, der einen Löwen angriff, aber einen, der mutig genug war, ihn zumindest zu stellen: den „Prunkrückenhund“ des südafrikanischen Volks der Khoikhoi.

Die Khoikhoi lebten als nomadische Hirten in Südafrika. Sie wurden von den nach Afrika gekommenen Europäern als „Hottentotten“ bezeichnet. Ihre Herden wurden von unscheinbaren, etwa kniehohen Hunden beschützt, denen man großen Mut, Treue und Härte nachsagte. Angeblich sollten mehrere dieser Hunde sogar in der Lage sein, einen Löwen einzukreisen und ihn so lange in Schach zu halten, bis die Jäger ihn mit ihren Speeren töten konnten. Ihr äußerlich auffälligstes Merkmal war ein entgegen der normalen Wuchsrichtung laufender Haarstreifen entlang der Wirbelsäule.

1879 brachte Charles Helm, ein Missionar, der im damaligen Rhodesien lebte, zwei dieser Hunde mit in seine Heimat. Sie wurden mit Bloodhounds (Größe), Greyhounds (Schnelligkeit und Wendigkeit), Irish Terriern (jagdliche Fähigkeiten), Englischen Bulldoggen (Kraft und Entschlossenheit) und Pointern (Vorsteh-Fähigkeiten) gekreuzt. Das Ergebnis ist ein hell- bis rotweizen gefärbter, sensibler Kraftprotz mit einem eleganten Körperbau, einem starken Nervenkostüm und hervorra-

Die prächtigen Pfeifer sind eine der vielen Vogelarten im Krüger-Nationalpark – Gefahr geht von diesen Tieren nicht aus, nur Gefallen.

Arbeit im Team ist der Normalfall für Ridgebacks. Zu zweit oder dritt können sie Großwild besser stellen.

Oben: Die Kudu-Kuh ragt mit ihrer enormen Schulterhöhe aus dem Grasland heraus. Für die Ridgeback-Hunde ist sie dennoch nicht zu sehen. Gefahr besteht nicht, dafür sind die Antilopen viel zu scheu – und zu schnell. Nächste Seiten: Begegnung der beeindruckenden Art: Ein mächtiges Nashorn kreuzt den Weg.

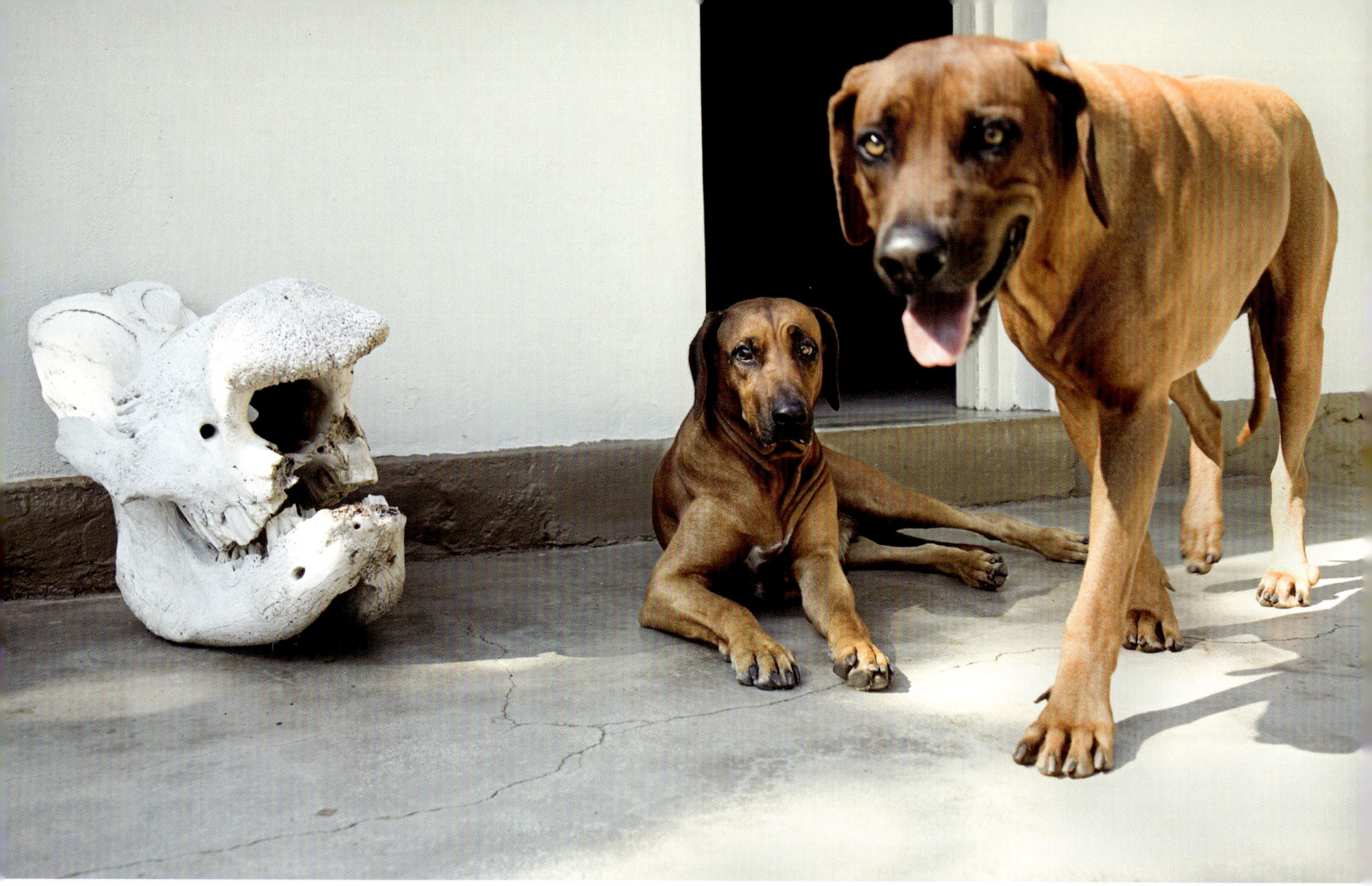

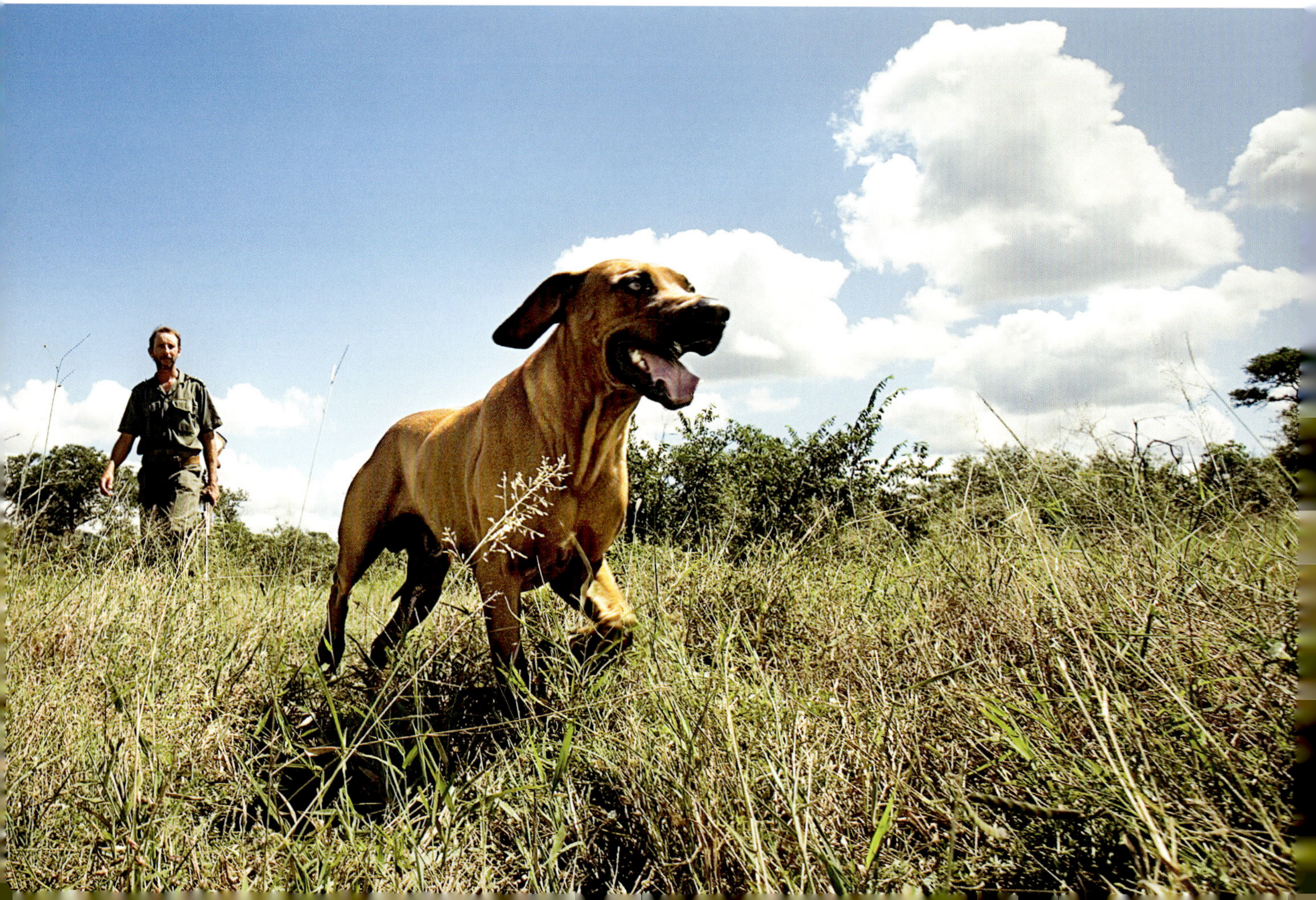

genden Jagdeigenschaften. Er ist schnell, ausdauernd, anhänglich und tapfer. Nein, einen Löwen greift er nicht an, aber er fürchtet auch seine Nähe nicht. Mutig nimmt er die Fährte auf und ist sowohl mit den Augen als auch mit der Nase ein ausgezeichneter Jäger. 1922 wurde der erste Zuchtverband gegründet, seit 1925 ist der Rhodesian Ridgeback als Rasse international anerkannt.

Der Krüger-Park ist der größte Nationalpark Südafrikas. 350 Kilometer lang, knapp 60 Kilometer breit. 147 Säugetierarten, 500 Vogelarten und 114 Reptilienarten leben hier. Er ist eines der letzten Tierparadiese der Erde – und ein Paradies für die etwa fünfzig hier lebenden Rhodesian Ridgebacks. Mit den Rangern, die das Gebiet von der Größe von Rheinland-Pfalz beschützen, sind sie täglich im Busch unterwegs. Sie stellen Wilderer, siedeln Tiere um und bewachen die Grenzen. »Wir gehen immer zu zweit, nur im äußersten Notfall allein«, sagt Bruce Leslie. »Aber auf jeden Fall haben wir immer die Hunde bei uns. Denn einen besseren Schutz kann uns niemand bieten.« Ridgebacks gibt es mittlerweile überall auf der Welt. Ein Welpe kostet zwischen 600 und 1500 Euro. Ihr Ruf als „Löwenhund" ist legendär, in einigen Städten sind sie deshalb zum Modehund geworden. Im Zuge der Diskussion um Maulkorb und Leinenzwang standen sie auf der „Kampfhundeliste", wurden später jedoch wieder gestrichen. „Leichte Hunde" sind sie deshalb aber nicht.

Rhodesian Ridgebacks haben einen sehr eigenen Charakter. Wer seinen Ridge mit Druck oder gar Schlägen erziehen will, wird scheitern. Er gibt sich Fremden gegenüber unnahbar, ist bei seinen Besitzern aber anhänglich. Ridgebacks brauchen viel Bewegung und sind wundervolle Tiere, aber nicht einfach. Verantwortungsvolle Züchter werfen deshalb auf Interessenten oft einen sehr kritischen Blick. Was sie für die Ranger so wertvoll macht, ist ihre Vielseitigkeit. Auf Bruce Leslies Farm im Park sind Nala und Matjulu die Spielkameraden seiner

Söhne Adam und Brendan, 9 und 5 Jahre alt. Sitzt der Vater am Schreibtisch, liegen die Hunde zu seinen Füßen, in der Nacht patrouillieren sie ums Haus. Niemals entfernen sie sich weit von der Farm, stets sind sie die Ersten, die einen Fremden empfangen. Sie bellen selten, sind nicht aggressiv, durch ihre imposante Gestalt aber Respekt einflößend. Und wenn der Ranger in den Park muss, sind sie an seiner Seite. Vor allem aber haben sie einen sechsten Sinn für Gefahren: »Ihr Rückenkamm stellt sich tatsächlich nur bei wirklicher Gefahr auf«, sagt Leslie. Noch nie hat es einer der Parkranger erlebt, dass sein Ridge sich geirrt hätte. »Sie sind das zuverlässigste Frühwarnsystem, das wir uns wünschen können.«

Und auch ihre Intelligenz stellen sie immer wieder unter Beweis: »Meine Hunde Boesman und Shana haben im Busch einmal ein Büffelkalb entdeckt, das in einer Wildererfalle steckte«, erzählt Ranger Neels van Wyk, normalerweise das Todesurteil für das Jungtier. »In dem Fall aber war das Bein nicht gebrochen.« Das einzige Problem: Auch ein junger Büffel ist ein für Menschen gefährliches Tier, das vor wilder Kraft strotzt. »Die Hunde haben das Kalb dann so abgelenkt, dass ich es mit einem Seil fesseln, zu Boden werfen und befreien konnte.« Schwierig war die Flucht vor dem geretteten Wild: »Ich bin auf einen Baum geklettert, der Büffel ist hinter den Hunden her, und ich habe ihnen die Daumen gedrückt.« Die Ridgebacks der Ranger sind die einzigen Hunde, die im Park erlaubt sind. Den meisten Gefahren des Buschs entgehen sie spielerisch, unverwundbar aber sind auch sie nicht: Vor allem Schlangen und Krokodile werden ihnen zum Verhängnis. Um Lücken ausgleichen zu können, haben die Ranger begonnen, selbst zu züchten. Es ist eine kleine, in Afrika aber viel beachtete und weltweit von Ridgeback-Freunden auch finanziell unterstützte Zucht. »Denn es sind die weltweit einzigen Ridgebacks«, erklärt Leslie, »die manchmal noch das tun dürfen, wofür sie einmal gezüchtet wurden: Löwen jagen.«

Links oben: Auf der Farm von Wildhüter Bruce Leslie sind die Ridgebacks Nala und Matjulu unzertrennlich. Die Dekoration ihres Ruheplatzes: ein ausgetrockneter Elefantenschädel. Links unten: Draußen im Grasland weist ein Rigdeback den Weg. Wittert er gefährliche Tiere, stellt sich sein Rückenhaar, der Ridge, auf.

Herkunft, Charakter, Merkmale, Adressen und Literatur – alles über besondere Hunderassen

BERNHARDINER

Knochenfunde belegen, dass der Bernhardiner als Doggenartiger seit Jahrhunderten in den Alpen heimisch ist, andere sehen seine Herkunft bei den Molossern Asiens. Sie wurden von Mönchen als Begleit- und Suchhunde eingesetzt und besonders mit einem Hospiz auf dem Sankt-Bernhards-Pass in Verbindung gebracht, wo von 1810 bis 1812 der Bernhardiner Barry lebte, der vielen zum Lebensretter und Züchtern zum Rassevorbild wurde. 1887 wurden der erste einheitliche Zuchtstandard und die Schweiz als Ursprungsland anerkannt.

Nach FCI ist der Bernhardiner Begleit-, Wach- und Hofhund, Widerristhöhe bis zu 91 Zentimeter, bis zu 90 Kilogramm schwer. Der Bernhardiner ist sehr sensibel mit zuverlässigem Charakter, sanftmütig und liebevoll, ein ausgeglichener, ruhiger Hund, der einen ausgeprägten Beschützerinstinkt besitzt.

Fondation Barry du Grand Saint Bernard, Route des Chantons 52, CH-1920 Martigny, Tel. 00 41-27-7 22 65 42, www.fondation-barry.ch

Die Stiftung veranstaltet begleitete Wanderungen mit Hunden, 1 Stunde kostet etwa 60 Euro.

Hospice du Gd-St-Bernard, CH-1946 Bourg Saint-Pierre, Tel. 00 41-27-7 87 12 36, www.gsbernard.ch

Musée et Chiens du Saint-Bernard, Route de Levant 34, CH-1920 Martigny, Tel. 00 41-27-7 20 49 20, www.museesaintbernard.ch

BLOODHOUND

Bloodhounds gehören zu den ältesten Hunderassen der Welt. Erste Spuren stammen aus dem 2. Jahrhundert. Rüden können bis zu 70 Zentimeter

groß und 60 Kilogramm schwer werden. Sie sind ideale Familienhunde, für Besitzer, die Wert auf Disziplin legen, aber ungeeignet. Als Lauf- und Meutehunde sind Bloodhounds sehr ausdauernd. Ihr Körperbau macht sie für die Jagd zu Pferde zu schwer und unbeweglich. Deshalb werden Foxhounds in die Bloodhound-Meuten eingekreuzt.

Coakham Bloodhounds, Nic und Sue Wheeler, The Kennels, Slivericks Farm, Ashburnham, Battle, GB-East Sussex TN33 9PE, Tel. 00 44-14 35-83 05 71, www.coakhambloodhounds.com

BORDER COLLIE

Ein gut veranlagter und gut trainierter Border Collie kann in der Landwirtschaft, in der es um den Umgang mit Nutzvieh geht, bis zu zwölf Personen ersetzen: beim Umtreiben von Schafen, Rindern, Ziegen, Pferden, Damwild, Schweinen und jeder Form von Geflügel. Denn alles, was sich bewegt, löst bei ihm den Hütetrieb aus und stimuliert ihn zu seinem typischen Verhalten. Bei der Zucht waren ein funktioneller, gesunder Körperbau, ein leichtfüßiger Bewegungsablauf, kräftige Knochen, ein gerader Rücken und eine bewegliche, handliche Größe wichtig. Ebenso brauchen diese Hunde eine tiefe, breite Brust und eine gute Winkelung der Läufe, außerdem große, kräftige, feste Pfoten. Ob das Fell der Border Collies einfarbig war oder bunt, lang oder kurz, wie der Hund seine Ohren trägt, welche Farbe seine Augen haben, war Schäfern und Züchtern nicht wichtig.

Derek Scrimgeour, www.bordercollie.gb.com

Buchtipp: „Faszination Border Collie" von Anne Krüger, Kynos Verlag, 34,80 Euro

DO KHYI

Herkunftsland des Do Khyi ist Tibet. Seine ursprüngliche Aufgabe ist Schutz von Viehherden, Wachhund. Die vorwiegenden Farben sind Schwarz, Hellgold bis Rotgold und Schwarz mit Rot. Größe: Hündin mindestens 61 Zentimeter, Rüde 66 Zentimeter. Durch die Entwicklung eines neuen Zuchtprogramms soll der Modeströmung der Do Khyi entgegengewirkt und die Rasse in ihrer Ursprünglichkeit erhalten werden.

Der Förderkreis Tibethunde e. V. (FKT) ist maßgeblich daran beteiligt, eine an der Tierhochschule Hannover initiierte Studie zur Erforschung der genuinen Epilepsie zu unterstützen. Die im Verhältnis zur Populationsgröße der Do Khyi überdurchschnittlich auftretenden Epilepsieerkrankungen sollen mit der Entwicklung eines Genmarkers die Möglichkeit bieten, Do Khyi mit bekanntem Genstatus aus der Zucht auszuschließen.

Für die Untersuchung eines Do Khyi gibt es beim Förderkreis Tibethunde das Merkblatt „Idiopathische Epilepsie". Es wird vom Tierarzt ausgefüllt und mit einer Blutprobe des Hundes zur Uni Hannover geschickt.

Förderkreis Tibethunde e. V., St. Avolderstraße 103, 66740 Saarlouis, Tel. und Fax 0 68 31-4 94 74, www.foerderkreis-tibethunde.de

ISLANDHUND

Islandhunde werden von der FCI in der Klasse 5 „Spitze und Hunde vom Urtyp" geführt. Sie stammen wahrscheinlich vom schwedischen Buhund ab. Knochenvergleiche ergaben, dass diese Art Hund bereits in der Steinzeit lebte. Der Islandhund ist geschickt, gewitzt und temperamentvoll. Sein Jagdtrieb ist nicht ausgeprägt, dafür arbeitet er gern und sollte immer eine Aufgabe haben bzw. sich viel bewegen können. Er braucht das Gefühl dazuzugehören. Er bellt viel, beißt aber nicht und ist daher als Wachhund unbrauchbar.

Islandhunde werden je nach Geschlecht zwischen 31 und 41 Zentimeter hoch, die buschige Rute wird gebogen über dem Rücken getragen. Das Fell ist sehr dicht, glatt und ein perfekter Schutz vor Wind und Wetter. Die meisten Hunde sind fuchsfarben, ihr Fell kann aber auch cremefarben, dunkelbraun oder grauschwarz sein. Auffälligstes Rassemerkmal ist ähnlich wie beim Lundehund die doppelte Wolfskralle, die das Felsklettern ermöglicht. Islandhunde sind robust, sie erreichen ein Alter von mindestens zwölf Jahren.

Guðni Ágústsson, www.iseyjar.is

KANGAL

Von der FCI mit drei weiteren Schlägen (Akbas, Karabas, Kars-Hund) als Anatolischer Hirtenhund geführt. Vom United Kennel Club als eigenständige Rasse anerkannt. Ursprungsland Türkei, ursprüngliche Aufgabe: zieht auch allein mit Viehherden in die Berge, Wachhund. Farben des Kangals: alle, meist sandfarben mit schwarzer Maske. Größe und Gewicht: von 71 Zentimeter/40 Kilogramm (Hündin) bis 81 Zentimeter/65 Kilogramm (Rüde).

KOOCHI

Koochis zählen zu der Gruppe der Herdenschutzhunde. Da die Nomaden mehr auf Arbeitsleistung als auf einheitliches Aussehen der Hunde achten, sehen Koochis oft recht unterschiedlich aus. Zwischen 70 und 80 Zentimeter Widerristgröße ist alles möglich, das Gewicht dieser Hunde variiert je nach Ernährung und Funktion zwischen 40 und 70 Kilogramm. Koochis sind sehr eigenständig, das müssen sie auch, da sie die ihnen anvertrauten Viehherden allein beschützen sollen. Entsprechend gehört Unterordnung nicht zu ihren Stärken. Der Anschluss an ihre Menschenfamilie ist jedoch eng. Der Weltzüchterverband FCI betrachtet den Koochi nicht als eigene Rasse, sondern gruppiert ihn zum Zentralasiatischen Owtscharka. In Deutschland werden Koochis zur Gruppe der „Listenhunde" gezählt, weshalb die Einzäunung des Grundstücks in die Anschaffungskosten eingerechnet werden sollte.

www.pamirhunde.com

LUNDEHUND

Der Name des Norwegischen Lundehunds leitet sich von den Papageientauchern, Norwegisch Lunde, ab, die diese Hunde jagten. Er wird nach FCI-Standard bis zu 38 Zentimeter groß und etwa 7 Kilogramm schwer.
Das Fell des Jagdhunds ist meist rot- bis fahlbraun mit weiß und hat schwarze Haarspitzen. Es ist kräftig, eng anliegend und relativ kurz mit weicher Unterwolle. Auch weiße Hunde mit dunklen Abzeichen entsprechen dem Rassestandard.
Lundehunde besitzen an jeder Pfote sechs Zehen, wovon je fünf voll entwickelt sind. An den Vorderpfoten sind fünf Zehen dreigliedrig, die sechste Zehe hat zwei Glieder. An den Hinterpfoten haben vier Zehen je drei, zwei Zehen je zwei Glieder. Der Lundehund kann sich mit den Vorderpfoten abstützen, wobei die sechste Zehe wie ein Stopper wirkt.

www.norsklundehund.de

Buchtipp: „Der Lundehund – Ein Meisterwerk der Natur" von Nicole Kamphausen, 19,95 Euro, über www.quistel.de/html/buch.html

MAREMMA-ABRUZZESE

Der Maremmahund stammt aus zwei italienischen Regionen: der toskanischen Maremma und den weiter südlich gelegenen Abruzzen. Beide Rassen sind nahezu identisch und werden Maremma-Hirtenhunde, Maremmano

Abruzzese oder Maremmas-Abruzzen genannt. Ihr dichtes Fell schützt sie in der Bergregion vor Kälte, wo sie das ganze Jahr die Herden vor Wölfen, Bären und anderen Eindringlingen bewachen. Maremmanen werden zwischen 60 und 72 Zentimeter groß, bis zu 45 Kilo schwer und ca. zwölf Jahre alt. Stärker als dem Menschen folgt der Maremma-Abruzzese sich selbst und seinem Instinkt. Seine Unabhängigkeit und Wachsamkeit hat er sich über die Jahrhunderte hinweg bewahrt. Unterwürfigkeit ist selten, lautes Anschlagen kommt häufiger vor.

Buchtipps: „Herdenschutzhunde. Vom Herdenbewacher zum Familienbegleiter. Aufzucht, Haltung und Erziehung" von Petra Krivy mit Vorwort von Günther Bloch, Franckh-Kosmos Verlag 2004, 36 Euro

„Die alten Hirtenhunde: Verstehen – Erziehen – Mit ihnen leben" von Gudrun Beckmann, Cadmos Verlag 2002, 22,90 Euro

„Ausbildung von Hütehunden" von Hans Chifflard und Herbert Sehner, Verlag Eugen Ulmer 2009, 34,90 Euro

NEUGUINEA-DINGO

Der Neuguinea-Dingo ist 8 bis 10 Kilogramm schwer, etwa fünf Zentimeter kleiner als sein Vetter aus Australien. Die Tiere leben in den Wäldern Neuguineas in einer Höhe zwischen 1000 und 3000 Metern. Gute Kletterer sind sie dank einer besonders beweglichen Wirbelsäule. Sie leben allein oder in kleinen Gruppen von zwei bis drei Tieren. Ihren Ruf als singende Hunde verdanken sie ihren Lauten: kein Bellen, sondern ein „menschlich klingendes Heulen", oft wie bei Vogelgesang mit Triller oder Jodler abgeschlossen.

PHU-QUOC-HUND

Der auf der Insel Phu Quoc einheimische Hund kommt sonst nur auf den Inseln im Golf von Thailand und dem südöstlichen Thailand vor. Aus diesem Grund wird er auch oft Thai-Ridgeback genannt. Besonderheit dieser Rasse ist das Fell auf dem Rücken, das ähnlich wie beim Rhodesian Ridgeback in einem Streifen entgegengesetzt zur normalen Richtung wächst. Er ist von seinen Anlagen her ein schneller, wendiger Jäger und gutmütig. Wegen seiner Treue ist er zum Familienhund geeignet, lebt auf Phu Quoc aber eher frei und unabhängig von Menschenfamilien.

PYRENÄENBERGHUND

Der Pyrenäenberghund, in Frankreich Chien des Montagnes des Pyrénées und Labrit, gehört zu den ältesten Hunderassen der Welt. Er war in frühgeschichtlicher Zeit schon in Mesopotamien als Berghund bekannt. Die ersten Herdenschutzhunde sollen schon im 4. Jahrhundert nach Europa gelangt sein. Der Zuchtstandard wurde 1907 vom französischen Pastour-Club erarbeitet: Der Pyrenäenberghund soll eine Größe von ca. 80 Zentimeter, ein Gewicht von etwa 60 Kilogramm haben. Seine Farbe ist weiß, sein Charakter misstrauisch gegenüber Fremden. Er bewacht sein Territorium und vertreibt Fremde und Bären durch Grollen und Scheinattacken.

www.pyrenaeen-hunde.de

www.cbp-online.de

RENTIERHUND

Lapinporokoiras gehören zu den seltensten Hunderassen der Welt. In Finnland gibt es nach Schätzungen etwa siebenhundert Exemplare, kaum mehr Tiere leben im Rest Europas, eine gute Handvoll findet sich in deutschen Familien. Rentierhunde sind gute Familienhunde, charakterlich ausgeglichen, zuweilen stur, in der Regel aber freundlich zu jedem, der ihnen offen gegenübertritt.
Lapinporokoiras haben einen enormen Bewegungsdrang und das Bedürfnis, auch im Kopf beschäftigt zu werden. Bevor die Rentierzüchter die Herden mit Motorschlitten zusammentrieben, hatten viele der Hunde ein Laufpensum von bis zu hundert Kilometer täglich – auch im Tiefschnee. Außerdem bellen Lapinporokoiras viel, eine Veranlagung, die für das Treiben wichtig ist, bei Nachbarn aber bisweilen schlechte Stimmung aufkommen lässt.

www.lapinporokoira.nl/duits/ursprung.htm

RHODESIAN RIDGEBACK

Der Ridgeback ist die einzige anerkannte Rasse aus dem südlichen Afrika. Seine Ahnen stammen noch aus der Kapkolonie, wo sie sich sowohl mit den Hunden der frühen Pioniere vermischten als auch mit den halb domestizierten „Hottentotten"-Hunden, die bereits einen Rückenkamm hatten. Der Originalstandard, von F.R. Barnes 1922 in Bulawayo, Rhodesien (dem heutigen Simbabwe), aufgestellt, gründete auf dem Dalmatiner-Standard und wurde von der Kennel Union des südlichen Afrikas 1926 anerkannt.
Der Rückenkamm, genannt Ridge, entsteht, weil einige Haare in Gegenrichtung zu denen am übrigen Körper wachsen. Er sollte klar abgegrenzt und symmetrisch sein, unmittelbar hinter den Schultern beginnen und bis zu den Hüfthöckern reichen. Der Ridgeback wird in vielen Teilen der Welt zur Jagd von Wild verwendet, hierzulande aber eher als Wachhund und Familienmitglied geschätzt. Er gilt als Spätentwickler und braucht bis zu drei Jahre, ehe er körperlich und seelisch ausgereift ist.

SAMOJEDE

Samojeden sind etwa 55 Zentimeter hoch, blicken aus dunklen, mandelförmigen Augen, sind verspielt, neugierig und haben dank des Lefzenwinkels ein Lächeln im Gesicht. Die Hunde haben oft ein dunkles bzw. braunes Fell, die in Europa und den USA gezüchteten Tiere sind schneeweiß.
Der große Pluspunkt dieser Hunderasse ist ihr Wesen. Samojeden sind auf den Menschen bezogen, auffallend verschmust und freundlich und

wollen überall dabei sein. Die Kehrseite: Wer glaubt, mit Hunden dieser Rasse einen zuverlässigen Wächter zu haben, irrt. Von den vier nordischen Schlittenhundrassen (die anderen sind Siberian Husky, Grönlandhunde und der Alaskan Malamute) ist der Samojede mit großem Abstand am leichtesten zu führen. In ihrem Herkunftsgebiet gelten sie als Arbeits-, Wach- und Hütehunde, werden aber sonst als Haus- und Familienhunde gehalten.

www.samojede.name/e_links.htm

www.samojede-in-not.de/index.php?page=home

SLOUGHI

Der orientalische Windhund hat einen gestreckten Kopf mit hängenden oder leicht eingeschlagenen Ohren auf langem Hals. Er ist hochbeinig und hat kräftige Pfoten. Eine Besonderheit sind seine schwarz umrandeten Augen. Das Fell der Sloughis ist sandfarben, schwarz mit lohfarbenen bzw. gestromten Abzeichen und gestromt. Der große, kräftigere Typ ist in den nördlichen Sahararegionen und den Atlaszonen heimisch, die Sloughis der südlichen Randgebiete sind zierlich und fein. Die Schulterhöhe soll nach geltendem Standard zwischen 61 und 72 Zentimeter liegen.

http://sloughi.de/zucht.htm

Buchtipp: „Windhunde – schnell, sanft, liebenswert" von Dorothee Dahl, Cadmos Verlag, 29,90 Euro

WELSH CORGI

Welsh Corgis werden heute in zwei Schlägen gezüchtet: dem Cardiganshire-Corgi und dem Pembrokeshire-Corgi. Cardigans haben eine Rute, es gibt sie in allen Farben. Pembrokes dürfen nur rot, gelb, schwarz oder braun sein und haben einen Stummelschwanz. Der Welsh Corgi ist 30 Zentimeter hoch, etwa einen Meter lang, hat große Ohren, einen wachen Blick. Der internationale Hundezuchtverband FCI führt ihn in der Gruppe 1 der Hüte- und Treibhunde. Corgis stammen von den Bauernhunden der Kelten ab und gehören zu den alten britischen Rassen. Heute leben die meisten jedoch in Familien. Über die Herkunft ihres Namens kann nur spekuliert werden. Möglich, dass sich Corgi vom walisischen „cor" (Zwerg) und „ci" (Hund) ableitet. Ebenso möglich ist aber auch die Ableitung von „cur", was Bastard oder Köter heißt. Der Begriff „cur dog" war im alten England eine Bezeichnung für Arbeitshunde. Ihr Charakter wird von den meisten Besitzern als »sehr umgänglich« beschrieben. Sie sind bei entsprechender Haltung und Sozialisation sehr kinderlieb. Ihr in der Regel fröhliches Wesen mit leichtem Hang zum Größenwahn sorgt im Alltag für allerlei Abwechslung und Überraschungen. Außerdem sind sie sehr durchsetzungsfähig, ein Charakterzug, der von einem Treibhund erwartet wird, im täglichen Miteinander aber auch stören kann.

IMPRESSUM

HUNDE DER WELT – DIE SCHÖNSTEN REPORTAGEN
VON LAPPLAND BIS SÜDAFRIKA
© Gruner + Jahr AG & Co KG, Hamburg 2010

HERAUSGEBER
Thomas Niederste-Werbeck, Heike Dorn

LAYOUT UND TITELGESTALTUNG
Meike Herzog

KONZEPT
Alexandra Schlüter

TEXT
Inge Ahrens 76-81, Philip Alsen 26-37, 38-47, 48-55,
56-65, 66-75, 90-97, 98-109, 110-119, 120-129, 138-147, 158-165,
166-175, 176-185, James Campbell 98-109 (Dokumentation), Inken Herzig 82-89, 148-157, Katharina Jakob
16-25, Julica Jungehülsing 130-137, Mats Nihlén 176-185
(Dokumentation)

TEXT- UND SCHLUSSREDAKTION
Detlef Wittkuhn

BILDREDAKTION
Lisa Nitzsche

KARTOGRAFIE
Ralf Bitter

HERSTELLUNG
G+J Druckzentrale/Herstellung,
Heiko Belitz (Ltg.), Thomas Oehmke

LITHO
EINSATZ Creative Production, Hamburg

DRUCK
Offizin Andersen Nexö, Leipzig

ISBN 978-3-8001-7524-6
Printed in Germany

DOGS-Bücher ist eine Marke von DOGS –
das Lifestyle-Hundemagazin von Gruner + Jahr

dogs